U0334435

同济博士论丛
TONGJI Dissertation Series
总主编 伍 江 副总主编 雷星晖

木林隆 黄茂松 著

分层地基中地下工程开挖
对邻近桩筏基础的影响分析

Analysis of Responses of Pile-rafts Foundations
Induced by Adjacent Excavation in Layered Soil

同济大学 出版社
TONGJI UNIVERSITY PRESS

内 容 提 要

本书是关于复杂条件下主动桩和被动桩分析的著作,全书共 6 章。本书全面考虑桩-土-筏相互作用,基于对称与非对称分层弹性地基理论建立了多向荷载作用下桩筏基础计算方法。建立了隧道开挖对邻近桩筏基础影响的两阶段理论方法。建立基于梯度推断理论的反演分析技术,结合土体小应变有限元建立了基坑开挖诱发土体三维位移场的简化分析方法,进而建立了基坑开挖对桩筏基础影响的两阶段分析理论。

本书适合相关专业的研究人员阅读参考使用。

图书在版编目(CIP)数据

分层地基中地下工程开挖对邻近桩筏基础的影响分析/
木林隆,黄茂松著. —上海:同济大学出版社,
2018.10

(同济博士论丛 / 伍江总主编)
ISBN 978 - 7 - 5608 - 8145 - 4

Ⅰ. ①分… Ⅱ. ①木… ②黄… Ⅲ. ①地下工程—开凿—影响—桩筏基础—研究 Ⅳ. ①TU94②TU473.1

中国版本图书馆 CIP 数据核字(2018)第 208292 号

分层地基中地下工程开挖对邻近桩筏基础的影响分析

木林隆　黄茂松　著

出 品 人　华春荣　　　责任编辑　郁　峰　熊磊丽
责任校对　徐春莲　　　封面设计　陈益平

出版发行　同济大学出版社　　www.tongjipress.com.cn
　　　　　(地址:上海市四平路 1239 号　邮编:200092　电话:021 - 65985622)
经　　销　全国各地新华书店
排版制作　南京展望文化发展有限公司
印　　刷　浙江广育爱多印务有限公司
开　　本　787 mm×1092 mm　　1/16
印　　张　14.75
字　　数　295 000
版　　次　2018 年 10 月第 1 版　　2018 年 10 月第 1 次印刷
书　　号　ISBN 978 - 7 - 5608 - 8145 - 4

定　　价　70.00 元

"同济博士论丛"编写领导小组

"同济博士论丛"编辑委员会

袁万城　莫天伟　夏四清　顾　明　顾祥林　钱梦騄
徐　政　徐　鉴　徐立鸿　徐亚伟　凌建明　高乃云
郭忠印　唐子来　阎耀保　黄一如　黄宏伟　黄茂松
戚正武　彭正龙　葛耀君　董德存　蒋昌俊　韩传峰
童小华　曾国苏　楼梦麟　路秉杰　蔡永洁　蔡克峰
薛　雷　霍佳震

秘书组成员：谢永生　赵泽毓　熊磊丽　胡晗欣　卢元姗　蒋卓文

总　序

在同济大学110周年华诞之际，喜闻"同济博士论丛"将正式出版发行，倍感欣慰。记得在100周年校庆时，我曾以《百年同济，大学对社会的承诺》为题作了演讲，如今看到付梓的"同济博士论丛"，我想这就是大学对社会承诺的一种体现。这110部学术著作不仅包含了同济大学近10年100多位优秀博士研究生的学术科研成果，也展现了同济大学围绕国家战略开展学科建设、发展自我特色，向建设世界一流大学的目标迈出的坚实步伐。

坐落于东海之滨的同济大学，历经110年历史风云，承古续今、汇聚东西，秉持"与祖国同行、以科教济世"的理念，发扬自强不息、追求卓越的精神，在复兴中华的征程中同舟共济、砥砺前行，谱写了一幅幅辉煌壮美的篇章。创校至今，同济大学培养了数十万工作在祖国各条战线上的人才，包括人们常提到的贝时璋、李国豪、裘法祖、吴孟超等一批著名教授。正是这些专家学者培养了一代又一代的博士研究生，薪火相传，将同济大学的科学研究和学科建设一步步推向高峰。

大学有其社会责任，她的社会责任就是融入国家的创新体系之中，成为国家创新战略的实践者。党的十八大以来，以习近平同志为核心的党中央高度重视科技创新，对实施创新驱动发展战略作出一系列重大决策部署。党的十八届五中全会把创新发展作为五大发展理念之首，强调创新是引领发展的第一动力，要求充分发挥科技创新在全面创新中的引领作用。要把创新驱动发展作为国家的优先战略，以科技创新为核心带动全面创新，以体制机制改革激发创新活力,以高效率的创新体系支撑高水平的创新型国家建设。作为人才培养和科技创新的重要平台,大学是国家创新体系的重要组成部分。同济大学理当围绕国家战略目标的实现,作出更大的贡献。

大学的根本任务是培养人才,同济大学走出了一条特色鲜明的道路。无论是本科教育、研究生教育,还是这些年摸索总结出的导师制、人才培养特区,"卓越人才培养"的做法取得了很好的成绩。聚焦创新驱动转型发展战略,同济大学推进科研管理体系改革和重大科研基地平台建设。以贯穿人才培养全过程的一流创新创业教育助力创新驱动发展战略,实现创新创业教育的全覆盖,培养具有一流创新力、组织力和行动力的卓越人才。"同济博士论丛"的出版不仅是对同济大学人才培养成果的集中展示,更将进一步推动同济大学围绕国家战略开展学科建设、发展自我特色、明确大学定位、培养创新人才。

面对新形势、新任务、新挑战,我们必须增强忧患意识,扎根中国大地,朝着建设世界一流大学的目标,深化改革,勠力前行!

万　钢

2017 年 5 月

论丛前言

　　承古续今，汇聚东西，百年同济秉持"与祖国同行、以科教济世"的理念，注重人才培养、科学研究、社会服务、文化传承创新和国际合作交流，自强不息，追求卓越。特别是近20年来，同济大学坚持把论文写在祖国的大地上，各学科都培养了一大批博士优秀人才，发表了数以千计的学术研究论文。这些论文不但反映了同济大学培养人才能力和学术研究的水平，而且也促进了学科的发展和国家的建设。多年来，我一直希望能有机会将我们同济大学的优秀博士论文集中整理，分类出版，让更多的读者获得分享。值此同济大学110周年校庆之际，在学校的支持下，"同济博士论丛"得以顺利出版。

　　"同济博士论丛"的出版组织工作启动于2016年9月，计划在同济大学110周年校庆之际出版110部同济大学的优秀博士论文。我们在数千篇博士论文中，聚焦于2005—2016年十多年间的优秀博士学位论文430余篇，经各院系征询，导师和博士积极响应并同意，遴选出近170篇，涵盖了同济的大部分学科：土木工程、城乡规划学(含建筑、风景园林)、海洋科学、交通运输工程、车辆工程、环境科学与工程、数学、材料工程、测绘科学与工程、机械工程、计算机科学与技术、医学、工程管理、哲学等。作为"同济博士论丛"出版工程的开端，在校庆之际首批集中出版110余部，其余也将陆续出版。

　　博士学位论文是反映博士研究生培养质量的重要方面。同济大学一直将立德树人作为根本任务，把培养高素质人才摆在首位，认真探索全面提高博士研究生质量的有效途径和机制。因此，"同济博士论丛"的出版集中展示同济大学博士研究生培养与科研成果,体现对同济大学学术文化的传承。

"同济博士论丛"作为重要的科研文献资源,系统、全面、具体地反映了同济大学各学科专业前沿领域的科研成果和发展状况。它的出版是扩大传播同济科研成果和学术影响力的重要途径。博士论文的研究对象中不少是"国家自然科学基金"等科研基金资助的项目,具有明确的创新性和学术性,具有极高的学术价值,对我国的经济、文化、社会发展具有一定的理论和实践指导意义。

"同济博士论丛"的出版,将会调动同济广大科研人员的积极性,促进多学科学术交流、加速人才的发掘和人才的成长,有助于提高同济在国内外的竞争力,为实现同济大学扎根中国大地,建设世界一流大学的目标愿景做好基础性工作。

虽然同济已经发展成为一所特色鲜明、具有国际影响力的综合性、研究型大学,但与世界一流大学之间仍然存在着一定差距。"同济博士论丛"所反映的学术水平需要不断提高,同时在很短的时间内编辑出版110余部著作,必然存在一些不足之处,恳请广大学者,特别是有关专家提出批评,为提高同济人才培养质量和同济的学科建设提供宝贵意见。

最后感谢研究生院、出版社以及各院系的协作与支持。希望"同济博士论丛"能持续出版,并借助新媒体以电子书、知识库等多种方式呈现,以期成为展现同济学术成果、服务社会的一个可持续的出版品牌。为继续扎根中国大地,培育卓越英才,建设世界一流大学服务。

伍 江

2017 年 5 月

前　言

随着我国城市化进程的推进,特别是在东部沿海软土地区,由于人口集中,建筑密集,而土地资源有限,地下空间开发成为城市基础建设的重要部分,因此有必要考虑地下工程开挖(典型的地下空间开挖包括隧道开挖和基坑开挖两个主要部分)对周边既有建筑的影响。桩筏基础承载力较高,被认为是软土城市地区最为经济实用的基础形式,在软土城市地区高层建筑建设中得到广泛使用。所以,分析地下工程开挖引起的地层位移以及对邻近桩筏基础的影响成为地下工程设计的重要部分,针对该课题的研究可以为隧道和基坑设计提供设计依据和适当的设计方法。而目前对于被动桩的研究主要集中在均质地基中,分层地基中的研究凤毛麟角,且被动桩研究大部分都局限于群桩基础,因此有必要分析在分层地基中地下工程开挖引起的邻近桩筏基础的承载特性。同时,目前针对基坑开挖对邻近桩筏基础的研究主要靠试验方法和有限元分析,缺乏可行的简化方法,这主要是因为基坑开挖引起的墙后地表以下土体位移缺乏合理的计算方法。而且,有限元分析的计算结果的准确性依赖于输入参数,确定合理的输入参数是有限元较准确地计算基坑周边土体变形的基础。针对这些问题,本书的主要研究工作归纳如下。

(1) 目前桩筏基础的研究局限于均质地基中且往往仅限于单一荷载的作用,本书建立了分层地基中复杂荷载耦合作用下刚性桩筏基础的分析方法。本书首先推导了弹性层状体系中轴对称和非轴对称问题的基本解,在此基础上,采用差分方法建立了层状地基中复杂荷载耦合作用下桩筏基础的分析方法。该方法考虑了桩桩相互作用、加筋效应、桩土相互作用、筏板对桩顶的约束作用和筏板-土相互作用。并通过与既有方法计算结果和有限元方法计算结果验证了该方法的正确性。并进一步研究了各项荷载比例变化时桩筏基础的承载特性的变化。

(2) 首次基于严格的层状弹性理论基本解,建立了分层地基中隧道开挖对刚性桩筏基础影响的两阶段分析方法。第一阶段采用 Loganathan-Poulos 方法计算隧道开挖引起的土体自由场位移。第二阶段采用层状地基中弹性理论法,计算桩和土、桩和桩之间的相互作用,并考虑刚性筏板对桩基和土的约束作用,提出了一套能够分析层状地基中隧道开挖对刚性筏板基础影响的理论方法。将本书方法计算结果与离心试验结果、现有方法计算结果及位移控制有限元计算结果进行对比,得到了较好的一致性,验证了本书方法的正确性。并首次对分层地基中被动桩筏基础承载特性进行了分析,讨论了隧道埋深、隧道与桩距离、地层损失比、土层分布与桩基分布对邻近隧道的被动桩筏基础的影响,并分析了桩基变形对遮拦效应的削减作用。

(3) 考虑土体的小应变特性(基于 HSS 模型),采用反分析法与有限元耦合的算法,解决了参数选取问题,较为准确地计算了基坑开挖引起周边土体的变形。准确地计算基坑开挖引起的土体自由场位移是估算基坑开挖对邻近桩筏基础影响的基础。目前,基坑开挖引起的土体自由场位移的计算缺乏合理的理论方法,主要还是采用有限单元法,而要利用有限单元法较为准确地计算土体的位移场,除了对有限单元法理论以及土体本构知识有较为充足的储备外,模型参数的选取也是重要因素,反分析方法可以有效地解决模型参数的选取问题。且研究表明,土体的小应变特性对基坑周边土体的变形具有重要的影响,要准确计算基坑周边土体的位移,这也是必须要考虑的因素之一。基于梯度推断理论,结合考虑土体小应变特性的有限元分析技术建立了 HSS 模型的参数反演分析方法。基于不同路径下室内带弯曲元的三轴试验结果和基坑周边土体变形实测结果,利用反分析法和有限元耦合的方法,确定了土体刚度和小应变的合理参数,较为准确地计算了基坑开挖引起的周边土体位移,为下一步研究奠定了基础。

(4) 基于前述有限元计算结果,本书首先建立了基坑开挖引起的土体自由场位移的计算公式,并进一步建立了计算基坑开挖对邻近刚性桩筏基础影响的两阶段方法。基于反分析有限元计算结果,本书总结了墙后土体位移衰减规律,结合围护墙变形和墙后地表沉降的经验计算方法,建立了基坑开挖引起的自由土体三维位移场的简化计算公式。并在此基础上,基于两阶段方法,建立了层状地基中基坑开挖对邻近刚性桩筏基础影响的分析方法。通过与 FEM 方法和实测结果的对比,验证了此方法的正确性,并采用本书方法对基坑开挖深度、围护墙最大水平位移、桩筏与基坑距离以及土层分布对邻近基坑的刚性桩筏基础的影响进行了分析。

最后,总结本书的主要工作以及结论,并指出进一步研究的方向。

目　录

第1章

绪 论

1.1 研 究 背 景

随着我国经济建设的突飞猛进,城市基础建设也随之如火如荼。特别是在东部沿海软土地区,由于人口集中,建筑密集,而土地资源有限,地下空间开发成为城市基础建设的重要部分。典型的地下空间开发工程包括隧道开挖和基坑开挖两个主要部分。目前,除上海、北京、广州、南京、天津、沈阳、成都、深圳等城市已经开通地铁外,还有重庆、杭州、宁波、青岛、大连、长沙、福州等20余个城市在建设或者规划建设地铁。此外,地铁车站、地下商场、地下变电站、高层建筑地下室的施工,都面临着基坑开挖。由于受到行车路线、城市空间等因素的影响,地下工程项目的施工总会遇到各种各样的特殊工程问题,其中地下工程开挖对周边既有建筑的影响问题尤为典型。无论是采用新奥法、盾构法还是其他方法施工隧道,都会引起周围土体向开挖区移动。同样,对于基坑开挖,无论采取何种支护形式,都难以避免围护墙体向坑内位移,引起周边土体向开挖区移动。这种地层运动会造成邻近隧道和基坑的构筑物的损害,进而影响其安全使用。

桩筏基础承载力较高,被认为是软土城市地区最为经济实用的基础形式,因此,在软土城市地区高层建筑建设中得到广泛使用。由于行车路线以及城市空间限制,隧道往往需要从既有建筑桩基旁或者底部穿过,地铁车站、高层建筑地下室也往往需要在既有建筑附近施工,这些地下工程的开挖,都会引起周边土体移动,进而影响既有桩筏基础,在桩筏基础中产生附加变形和内力,这将直接影响上部建筑的安全和正常使用。因此,有必要分析地下工程开挖(隧道和基坑)引起的地层位移以及对邻近桩筏基础的影响,这可以为隧道和基坑设计提供设计依据和适当的设计方法。而目前对于被动桩的研究主要集中在均质地基中,分层地基中的研究凤毛麟角,因此有必要分析在分层地基中地下工程开挖引起的邻近桩筏基础的承载特性。

1.2 桩筏基础研究现状

1.2.1 竖向桩筏基础研究现状

目前桩基沉降计算的方法主要有荷载传递法、剪切位移法、弹性理论法(包括积分方程法)、有限元法、边界元法、混合法等方法。

1. 荷载传递法

荷载传递法也称为传递函数法,最早由 Seed 和 Reese(1957)提出。其基本思路就是将桩沿长度方向划分为若干弹性单元,土体与桩单元的相互作用可用线性或非线性弹簧描述。这些弹簧的应力-应变关系表示了桩侧摩阻力 τ(或桩端阻力 σ)与剪切位移 s(或桩端位移 s)之间的关系。此法的关键是荷载传递函数 $\tau-s$(或 $\sigma-s$)的确定。利用已知桩侧和桩端的荷载传递函数求解荷载传递法的基本微分方程。

荷载传递法可以方便地考虑土的分层性和非线性等特性。但是该法将桩周土当作 Winkler 地基处理,假定桩侧任何点的位移只与该点土的摩阻力有关而与其他各处的应力无关,没有考虑土体连续性。因此,该法不能直接应用到群桩情况,更不能反映软弱下卧层的影响,在理论上受到一定的局限。为将该方法推广至群桩分析,潘时声(1991)提出分层位移迭代法;王旭东(1994)则通过对传递函数的修正与有限层-有限元法耦合应用于群桩的非线性共同作用分析;田美存等(1997)采用双曲线传递函数根据荷载叠加原理运用分层位移迭代法把荷载传递法推广至群桩分析,并可考虑地基土的分层性和非线性。

2. 剪切位移法

Cooke(1974)提出了摩擦桩的荷载传递物理模型。该模型假定工作荷载作用下桩与土之间不产生相对位移,因此,桩沉降时,周围土体也随之发生剪切变形,剪应力 τ 从桩侧表面沿径向扩散到周围土体中。Randolph 和 Wroth(1978)将 Cooke 方法作了补充和修正,提出影响半径 r_m 与桩长及土层性质有关,并按 Boussinesq 解估算桩端沉降量,对可压缩性桩也推导了单桩解析解。随后,Randolph 和 Wroth(1979)又将之推广至群桩分析。Kraft 等(1981)考虑了土体的非线性特性,将 Randolph 解推广至土体非线性情况,Chow(1986b)又将 Kraft

解应用于群桩的分析。王启铜(1991)将 Randolph 单桩解由均质地基推广至成层地基;田管凤等(2002)用剪切位移法建立群桩的柔度矩阵求解桩土共同作用。剪切位移法给出了桩周土体位移场运用位移叠加的方法可以实现对群桩的分析,但是,剪切位移法仅考虑桩土在平面内的相互作用而忽略了竖向作用。

3. 弹性理论法

弹性理论法假定地基土是均质各向同性的半无限体,且地基土初始应力状态不因桩的存在而发生改变;假定桩土之间无相对滑移,桩身某点的位移即为与之相邻点土体的位移。自 20 世纪 60 年代开始,许多学者采用弹性理论法对桩的性状做了大量的研究。各种方法之间的主要区别就是对桩侧剪应力的简化分布模式的假定不同。D'Appolonia 和 Romualdi(1963)、Geddes(1966)用作用在桩轴线的集中荷载代替桩侧剪应力的分布研究了单桩的沉降问题。较完整的弹性理论方法由 Poulos 和 Davis(1968)提出,此后,Poulos(1968)通过引入相互作用系数的概念,应用叠加原理将其推广至群桩,Poulos 和 Davis(1980)将弹性理论法归纳为比较完善和成熟的体系。

弹性理论法的特点是考虑了土的连续性,对桩-土之间的相互作用的弹性阶段能够进行比较准确的分析,并可用于群桩的分析。弹性理论法把地基看成是理想的弹性体,对非均质土、土的弹塑性或桩土界面发生滑移等复杂情况则需要进行简化处理。Poulos(1972)证实,桩基在工作荷载下,地基土的变形以弹性变形为主,即弹性分析能够反映工作荷载下的主要工程性状。弹性理论法已经成为桩基础研究中一种很重要的理论方法。

4. 有限元法

有限元法克服了其他方法理论上的局限性,是一种比较成熟的数值计算方法,由于解决问题的有效性和可靠性,自其问世以来,已广泛地应用于包括桩基在内的各类建筑物计算分析当中。Ellison 等(1971)使用二维轴对称有限元模型分析了硬黏土中钻孔灌注桩,通过接触面单元分析桩端以外土的拉裂现象。自从 Ottaviani(1975)首次运用三维有限元法分析群桩以后,有限元法在桩土共同作用分析中得到了很大的发展(Muqtadir 和 Desail,1986;Pressley 和 Poulos,1986;Trochanis 等,1991;Xiao 等,2002;Liang Fa-Yun 等,2003;Khodair 和 Hassiotis,2005;Chaudhary,2007)。

由于有限元法无法模拟无限域,为保证计算精度,在实际工程分析中,要考虑很大一部分桩周土体,因此计算量较大,对复杂问题,需要有较强大的计算机才能实现。

5. 边界元法

边界元法是建立在弹性理论基础上的,根据桩土变形协调条件建立桩土共同作用的积分方程。边界元法化区域问题为边界问题,可以起到降维的作用,使求解规模得以缩小。Butterfield 和 Banerjee(1971)最早用边界元分析了弹性地基上带刚性承台的群桩,考虑了地基土的承载力。Banerjee 和 Davis(1978)又用该法分析了 Gibson 土中的单桩和群桩特性。Kuwabara(1989)采用边界元法分析了弹性地基中刚性承台下的桩筏基础,考虑了桩的压缩性。由于边界积分方程求解比较困难,而且不具有稀疏性的特点,求解群桩问题时工作量仍然很大。此外,边界元法难以直接应用于非均质土中。

6. 混合法

为减小计算量,提高计算精度,将几种方法结合起来使用而形成的方法称为混合法。如国外学者 Kücükarslan 等(2003)通过在桩土接触面引入非线性弹簧,采用有限元-边界元耦合对桩土的非线性相互作用进行了研究;石名磊等(2003)将杆系结构有限元与荷载传递迭代法相耦合,模拟桩身与桩周介质上的剪切滑移的非线性,建立了桩基沉降计算的混合法;王国才等(2005)采用有限元-无限元相耦合的方法对饱和地基轴对称竖向振动问题进行了研究;Ta 和 Small(1996)采用有限元和有限层相结合的方法,用有限元分析筏板,有限层对土体进行分析。

采用以上几种方法,国内外许多学者对桩筏基础进行了分析。如 Butterfield 和 Banerjee(1971),赵锡宏(1989),洪毓康等(1991),Mandolini 和 Viggiani(1997)等人对刚性高承台群桩基础进行了分析。Ottaviani(1975)运用三维有限元法考虑承台与土的相互作用分析了弹性地基上带刚性承台的群桩。Poulos 和 Davis(1980)在他们关于桩的经典专著中总结了桩基础分析与设计的基本原理,提出了桩筏基础的弹性分析方法。Clancy 和 Randolph(1993)采用弹性方法,筏板简化为二维薄板单元,将桩模拟为一系列的弹簧杆单元,进行了桩筏基础分析。目前的边界元方法在分析桩基问题时一般都假定筏板是刚性的。Zhang 和 Small(2000)采用有限元法分析桩和承台,用有限层法分析层状土,可以解决不同土层上的带刚性承台的桩基础承受水平和竖向荷载情况的问题。Kitiyodom 和 Matsumoto(2003)采用混合法,对地基土模量进行加权平均计算了分层地基中桩筏基础的承载特性。对分层地基目前主要的方法还局限于对地基土刚度进行加权平均,而严格的分层地基理论在桩基分析中的应用发展比较晚,主要是受到层状弹性理论的发展的限制。

Burmister(1945)首先采用积分变换(Hankel 变换)的方法得到了双层和多层弹性体系在轴对称荷载作用下应力和位移计算的理论解。理论上,Burmister解可以解决任意多层地基的力学计算问题,但对于大于 3 层的多层弹性体系,随着层数增多线性方程组的数量也会激增,运用代数的方法求解这些线性方程组得到各层弹性积分常数的文字表达式将是十分困难的。为了避免求解大型线性方程组,Bufer(1971)和 Bahar(1972)各自独立地提出了传递矩阵法,利用Cayley-Hamilton 定理,分别对 2 维和 3 维弹性层状体系求出了传递矩阵。王凯(1982,1983,1984)、朱照宏(1984,1985)、郭文复(1984)、张子明(1985)、王林生(1986)、Benitez(1987)等都对弹性层状理论体系求解进行了研究。钟阳等(1992)和钟阳等(1995)分别利用 Hankel 变换解决了弹性层状体系中轴对称和非轴对称问题,弹性层状理论体系的求解开始走上计算机快速求解的道路。金波等(1996)解决了传递矩阵方法在程序实现上的困难,使采用这种方法的数值计算程序很容易在计算机上实现,保证一定的精度。Ai 等(2002)利用 Hankel变换和 Fourier 级数,给出了多层地基中对称和非对称问题的传递矩阵解法。

1.2.2　水平向桩筏基础分析现状

水平受荷桩的变形分析主要有弹性地基梁法、弹性理论法、整体数值法等。

1. 弹性地基梁法

Winkler 弹性地基梁法,将桩视为竖向弹性地基梁,桩周土体的作用简化为沿着桩身分布的一系列互相独立的弹簧。若弹簧刚度与桩身变形无关,则为线性荷载传递模型;若弹簧刚度为桩身变形的函数,则为非线性荷载传递模型,也称为 p-y 模型。不同的学者的研究主要是根据不同的弹簧刚度推导出水平荷载作用下桩基的解。如 Hetenyi(1964)给出了弹簧刚度为常数时桩顶受水平力和弯矩的半无限长桩的解。Franklin 和 Scott(1979)采用了数值方法进行求解了弹簧刚度沿深度方向线性分布的水平受荷桩的位移。Matlock 和 Reese(1960)、Robertson 等(1989)、Gabr 等(1994)、Templeton(2009)、Jeanjean(2009)等均对 p-y 曲线进行了研究。

2. 弹性理论法

弹性理论法假设桩为弹性地基梁,而桩周土体被认为是半弹性空间的弹性连续体,其基本理论依据是 Mindlin(1936)的理论解。Poulos 和 Davis(1980)对该方法进行了详细的介绍,桩周土体不因桩的存在而物理特性受到影响,将单桩沿着深度进行离散为一维单元,由土体的连续体特性基于 Mindlin 解得到土体变形,由梁的相关方程得到桩体变形,由变形协调条件和桩顶桩底边界条件,得到相应的方程,采用有限差分法的数值手段进行求解,得到单桩的受力变形反应。该方法与 Winkler 地基梁法相比考虑了土体连续性特性,但没有考虑土体的非线性。

3. 数值方法

数值方法包括整体有限差分法、整体有限元法、边界单元法等在内的各种方法。在此类方法中,桩和土体都被离散为单元,基于有限元、积分变换、边界元的数学手段进行求解。此类方法可以对桩土的相互接触进行详细分析,选取不同的土体模型,适应性比较广。尤其随着计算机硬件的发展,商业有限元软件的成熟,有限元数值分析方法越来越普遍。Filho(2005)等采用有限单元法来离散水平桩,采用边界元法基于 Mindlin 解来离散弹性半无限各向同性均质土体。Brown 和 Shie(1990a)采用商业有限元 ABAQUS 程序对水平桩进行了 3D 有限元分析,分析了桩后桩土分离现象以及桩周土体塑性应变和相对滑移,考虑了桩径以及土体刚度对水平桩的响应的影响。三维有限元整体分析可以很好地考虑桩土相互接触特性以及追踪整个过程中土体的非线性应力应变行为,但有限元分析的结果精确程度与输入的土体参数有很大关系,而土体参数大多是通过物理试验测定得到的,这很大程度上制约了有限元分析结果的可靠性。

基于以上方法,很多学者进行了群桩效应的分析,以进一步研究水平荷载作用下桩筏基础的响应。例如,Randolph 和 Wroth(1978,1979)基于剪切位移法,假设邻近单桩完全遵循受荷桩引起的位移场,求解群桩相互接触系数。Lee(1991)基于 Mindlin 解求解分层地基中竖向群桩的群桩效应。而 Mylonakis 和 Gazetas(1998)在此基础上考虑了邻近单桩自身刚度的影响,对上述群桩相互接触系数进行了修正。Xu 和 Poulos(2000)采用整体边界元法分析群桩基础受水平力的作用,基于子矩阵和基本相互影响矩阵考虑群桩相互作用。Kitiyodom 和 Matsumoto(2002,2003,2005)也是基于 Mindlin 解分析了均质地基、非均质地基中不同桩间距时群桩的水平向相互接触系数,将其用于桩筏基础的分析中。

1.3 隧道开挖引起的土体位移场研究现状

关于隧道开挖引起的土体自由位移场计算方法大致可分为三类:经验方

法、整体数值方法和解析方法。

1.3.1 经验方法

Peck(1969)通过对大量地表沉陷数据及工程资料分析后,首先提出地表沉降槽似正态分布的概念,认为地层位移由地层损失引起,并认为施工引起的沉降是在不排水条件下发生的,提出地表沉降横向分布的估算公式:

$$S_v(x) = S_{v,\max} e^{-\frac{x^2}{2i_x^2}} \tag{1-1}$$

式中,$S_v(x)$为地面沉降量;x为距隧道中心线的距离;$S_{v,\max}$为隧道中心线处最大沉降量;i_x为沉降槽宽度系数(隧道中心线到曲线反弯点的水平距离)。

目前比较成熟的隧道开挖引起地表沉降槽经验公式主要是依据 Peck(1969)提出的经验公式并有所改进,其共同之处是假设沉降槽形状为正态分布,不同之处在于对沉降槽宽度系数的定义(表 1-1)。

表 1-1 地表沉降槽计算方法

文 献	表 达 式	参数意义	适用范围
Peck(1969)	$i_x = Z_0/\sqrt{2\pi}\tan(45° - \phi/2)$	Z_0 为地面至隧道中心深度;φ 为土体内摩擦角;R 为隧道半径;n 为施工因素;k 为与土体性质有关的参数。	均质黏土
Clough 等(1981)	$i_x = R(Z_0/2R)^{0.8}$		饱和含水塑性黏土
Aettwell 等(1982)	$i_x = kR(Z_0/2R)^n$		与 k 值有关对于黏性土,$k = 0.4 \sim 0.6$;
O'Reilly 等(1982)	$i_x = kZ_0$		对于砂土,$k = 0.25 \sim 0.45$

Jacobsz 等(2004)通过在砂土中隧道开挖离心机模型试验结果,发现正态分布曲线计算的地表沉降槽宽度较大,不适合砂土,因此,根据实验结果,对沉降槽经验公式进行了修正,得到

$$S_v(x) = S_{v,\max} e^{-\frac{1}{3}\left(\frac{|x|}{i_x}\right)^{1.5}} \tag{1-2}$$

其中,$i_x = kZ_0$,根据试验结果,取 $k = 0.25 \sim 0.45$。

以上这些方法仅限于地表沉降的计算,对于被动桩筏研究来说,更重要的是计算地表以下土层的位移。Mair 等(1993)通过大量实测资料和离心机模型试

验资料的分析,认为在黏性土中,地表以下土体的沉降槽同样可以用正态分布曲线加以描述,任意深度 z 处的沉降槽宽度系数可以定义如下:

$$i_x = k(Z_0 - z) \qquad (1-3)$$

k 为与土性有关的参数,通过实验,Mair 等(1993)发现,当 k 取常数时,计算得到的沉降槽宽度比实验结果小,所以提出 k 应是随 z/Z_0 变化的一个变量,并给出了黏性土中 k 的表达式:

$$k = \frac{0.175 + 0.325(1 - z/Z_0)}{1 - z/Z_0} \qquad (1-4)$$

合并式(1-1)、式(1-3)及式(1-4)即可求得任意深度处隧道开挖引起的沉降槽曲线。

姜忻良等(2004)假定地面以下土层形成的沉降槽体积等于开挖土体损失体积,各土层沉降槽曲线仍可采用正态分布函数表示,故通过回归分析得到了不同深度土层沉降槽宽度系数的计算公式:

$$S_z(x) = S_{max}(z) e^{-\frac{x^2}{2i^2(z)}} \qquad (1-5)$$

$$i(z) = i(0) \left(1 - \frac{z}{Z_0}\right)^{0.3} \qquad (1-6)$$

$$S_{max}(z) = S_{max}(0) \left(1 - \frac{z}{Z_0}\right)^{-0.3} \qquad (1-7)$$

式中,$S_{max}(z)$ 为隧道轴线上方离地面 z 深度处的土体沉降值;$i(z)$ 为离地面 z 深度处的土体沉降槽曲线宽度系数;Z_0 为隧道埋深;$i(0)$ 为地表沉降曲线反弯点到隧道轴线的距离;$S_{max}(0)$ 为地表沉降曲线最大位移值。

经验方法是采用大量实测数据进行拟合所得回归公式,所以,采用这种方法预测的结果往往同实际工程的测量结果符合的较好,其原理简单,易操作,是发展比较成熟也较多采用的预测地层沉降的方法。但是也不可避免地具有它的局限性:① 缺乏理论基础,比如地表沉降呈正态分布,仅是因为地表沉降分布与正态分布形状相似;② 经验方法往往受地域限制,因为经验公式中的参数往往根据某个地域的实测值回归,受地域性土体性质的限制,在其他地域不一定适用;③ 只能考虑均质地基条件;④ 目前的方法只能计算竖向沉降,无法考虑土体水平变形;⑤ 大多数方法仅能计算地表沉降,对地表以下土体变形无法估算,且 Mari 等(1993)的方法对于其他地层条件仍然需要进一步研究验证才能使用;⑥ 对于非对称边界条件不适用;⑦ 只能用于施工良好的条件下。

1.3.2 整体数值方法

有限元等整体数值方法可以考虑地层条件、施工条件、隧道衬砌等复杂的边界条件,可对施工过程进行不同程度的模拟,并可以取得地表沉降以及地表以下土层的变形,包括竖向和水平变形,因而,数值方法以其特有的灵活性在实践中得到了广泛的应用。

Ito 等(1982)考虑了掘进速度、隧道开挖面位置的影响,用三维边界元分析了弹性地基中浅埋隧道施工引起的地表沉降。

Finno 等(1985)通过现场测试指出,土压平衡盾构开挖隧道的土体反应具有三维空间效应和时间效应。通过整体有限元模拟计算与实测的对比,他们认为,可采用纵、横两个方向的二维平面有限元模拟土压平衡盾构开挖隧道的过程及地表移动。

Lee 和 Rowe(1990)针对软黏土地区隧道开挖引起的地面沉降问题建立了应力控制三维弹塑性有限元模型,以模拟隧道开挖时序和引起的土体移动及隧道表面的应力状态。

Rowe 和 Lee(1992)认为,间隙参数反映了隧道顶的垂直位移和软土隧道施工中的地层损失的大小,它是隧道掘进面处土体三维弹塑性变形、盾构机性能、衬砌的几何形状和施工工艺等因素的函数,正确估算它并利用二维有限元或经验法关系,可以对地层位移规律加以预测。

詹美礼等(1993)运用黏弹塑性双屈服面流变模型,根据有限元分析理论建立了一整套的隧道开挖的分析方法。

曾小清(1995)应用时变力学弹塑性理论,采用半解析数值法对双线盾构隧道施工过程中的地层移动、隧道受力进行了三维时空动态的数值模拟分析。

Mroueh 和 Shahrour(2003)利用三维有限元模拟了盾构施工修建隧道的过程,研究了隧道施工引起的地表沉降,分析了隧道施工对地表建筑物影响。

于宁和朱合华(2004)基于弹塑性三维有限元采用刚度迁移法(将盾构向前推进看成刚度和载荷的迁移过程)对某软弱地层中盾构隧道施工进行动态模拟,反映盾构推进、正面土舱压力和盾尾注浆对周围土体特别是对地表变形的影响。

张海波等(2005)提出一种能够综合考虑各种因素的盾构施工三维非线性有限元模拟方法,通过对某地铁隧道盾构施工过程的模拟,分析了盾构推进过程中隧道周围土体沉降分布规律。

Thomas 和 Gunther(2006)采用三维有限元分析了土体特性、注浆材料和覆土厚度等因素对盾构施工所产生的地层位移的影响。

杨超等(2007)采用三维弹塑性有限元模型,模拟隧道开挖的实际施工过程,分析了隧道开挖引起的土体变形。

Dang 和 Meguid(2008)采用平面有限元法对不排水情况下多层土体中盾构隧道施工引起的地层变形作了分析,并在分析中考虑了弹性加卸载、土体各向异性以及结构土屈服破坏。

孙玉永等(2009)结合上海某盾构隧道施工现场监测结果和三维有限元数值模拟结果,对盾构掘进施工引起周围地层位移场的分布规律进行了研究。并指出,在盾构机前方以及盾构机所处位置,隧道侧向土体以隆起、沿盾构掘进方向向前和向隧道外侧的位移为主;在盾构机后方,侧向土体则发生沉降、向前和向隧道内的三维运动趋势。

以上有限元方法均为基于应力控制有限元方法(FCFEM),该方法模拟的情况较为符合施工实际过程,由于隧道开挖的实际过程比较复杂,该方法往往难以全面模拟,且该方法无法模拟给定的地层损失比,因而计算所得结果与实际结果往往存在较大误差。为解决这一问题,国内外一些学者采用了位移控制有限元法(DCFEM),该方法既保留了应力控制有限元的强大功能,又能严格控制地层损失比。

Shahin 等(2004)建立了二维有限元模型,通过施加位移边界分析三种不同开挖模式(中截面开挖、带地表荷载的中截面开挖以及全截面开挖)产生的地层变形以及隧道周围的土压力,并与室内试验值进行了对比。

Cheng 等(2007)和杨超等(2007)提出了位移控制有限元法(DCFEM)这一概念,并且采用该方法分析了隧道开挖引起的土体位移,并发现计算结果与测试值较为接近。

杜佐龙等(2009)采用基于地层损失比的位移控制有限元法对地铁隧道开挖引起的地层位移和地表沉降进行了分析,文中计算结果与已有文献结果取得了较好的一致性。

有限元法可以克服经验公式法的限制,但是,有限元方法理论复杂,需要使用者在具备坚实的岩土工程理论知识的基础上,具有一定程度的有限元的理论知识储备。同时,有限元计算量大,往往需要耗费大量的计算时间。

1.3.3 解析方法

解析方法是通过明确的理论推导得到的计算公式,是估算隧道开挖引起的周围土体位移的一种有效方法,但是,该方法绝大多数都建立在均质线弹性土体的基础上。

Sagaseta(1987)引入了影像法(virtual image technique),在考虑均匀土体移动模式的基础上,得到了弹性均质不可压缩土中由于近地表的地层损失所引起的应变场的解析解。并有效解决了用其他方法将会产生的地表垂直应力不为零的难题。该方法假定隧道为不排水开挖,且土体损失沿隧道均匀分布。

Verruijt 和 Booker(1996)在 Sagaseta 研究的基础上,提出了均质弹性半空间中隧道开挖引起的地表沉降的解析解。他们给出的结果不仅适用于不可压缩土的情况(泊松比为 0.5),而且适用于泊松比为任意值的土体情况,同时,他们还考虑了隧道衬砌长期椭圆化变形的影响。但是,该方法计算的沉降槽比实测的结果要宽,水平向位移比实测的结果要大。

基于以上研究成果,Sagaseta(1998)将隧道开挖面的变形分成三个部分:① 均匀径向收缩(u_0),隧道形状不变,面积均匀减小;② 椭圆变形,隧道形状由圆变成椭圆,面积不变;③ 整体沉降,隧道面积形状均不发生变化(图 1-1)。将三种变形模式引起的土体位移叠加,最后得到隧道开挖引起的土体位移场解析公式。

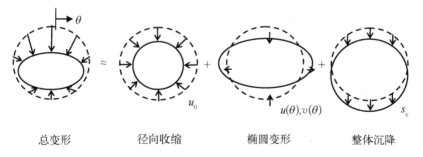

| 总变形 | 径向收缩 | 椭圆变形 | 整体沉降 |

图 1-1 隧道开挖面变形模式(Sagaseta, 1998)

采用 Lo 等(1982)、Rowe 等(1983)、Lee 等(1992)提出的间隙参数,并结合 Verruijt 等(1996)得出的闭合解,Loganathan 和 Poulos(1998)对不排水条件下地层损失重新定义,提出"等效地层损失比"参数,并考虑了隧道施工方法、隧道形状及土体类型等因素造成的隧道开挖面变形不均匀的影响,对"等效地层损失比"进行了修正,提出了隧道开挖引起的土体位移场的半解析公式。

González 等(2001)考虑土体的可压缩性以及塑性区土体的体积应变对土体位移的影响,对 Sagaseta(1998)提出的解析方法进行了修正,通过对已有工程实例的分析说明了参数确定方法。

Park(2004,2005)在极坐标下利用应力函数方法提出了不排水条件下软土中浅埋和深埋隧道引起土体变形的二维弹性解,详细研究了采用均匀径向和椭圆化土体移动模式引起的地面和深层土体沉降与水平位移的区别。并考虑隧道施工过程中开挖面的不均匀变形,提出了 4 种隧道开挖面的位移边界模式。实际上,极坐标中的浅埋隧道公式由于自然对数函数的存在,出现了随着计算点与隧道开挖中心距离的增大而计算点的土体位移也在增大的反常现象,对此,Park(2004)将其中的环向位移公式作了反号处理,这样的修正过于简单,物理意义也不是很明确,致使解析公式与工程实测结果吻合得并不理想。

阳军生和刘宝琛(1998,2002)采用随机介质理论在均匀收敛位移边界模式下提出了圆形和椭圆形两种断面的地铁隧道开挖引起的横向地层位移的计算方法。施成华等(2003)采用随机介质理论对盾构隧道开挖引起的土体移动与变形进行分析,推导了相应扰动区土体下沉(隆起)、倾斜、水平移动、水平变形及弯曲曲率计算公式。韩煊和李宁(2007)考虑不均匀收敛位移边界,采用随机介质理论推导了圆形、椭圆形、矩形和马蹄形几种常见隧道断面形式的均匀以及非均匀收敛变形下的横向地层位移计算公式。王立忠等(2007)在采用 Park(2004)提出的四种隧道位移边界条件,利用复变函数解法计算隧道开挖引起的土体自由位移,并分析了不同埋深、不同泊松比对位移场的影响和不同埋深对应力场的影响。

1.4   基坑开挖引起的土体位移研究现状

1.4.1   经验方法

Terzaghi(1943)、Casper(1952)、Barnaby(1975)、Milligan(1983)、Peck(1969)等人通过试验研究,并将有支护围护墙和重力式挡土墙墙后土体位移作了对比,研究了基坑开挖周边土体的移动机理。

Caspe(1952)提出了多支撑围护墙后的土体位移模式,将墙后的土体分成三个区：(a) 塑性区；(b) 弹性区；(c) 非扰动区。各区界线为对数螺旋线，其起点分别为基底和墙趾。

Peck(1969)认为，坑后地表沉降大小主要受地区土层条件的控制，并给出地表沉降、离基坑距离、基坑最大深度三者之间的关系曲线。此外，Peck(1969)根据美国芝加哥、挪威奥斯陆等地的现场地表观测资料，提出对不同土层分析墙后地表沉降和沉降范围的经验关系曲线以及相应的经验估算方法。

Lambs(1970)定性地分析了影响坑外土层变形的各种因素，并归纳为八个方面：① 基坑长度、宽度和深度；② 土的工程性质；③ 地下水条件；④ 基坑暴露时间；⑤ 支撑系统；⑥ 开挖和支撑顺序；⑦ 邻近结构和设施；⑧ 活荷载。

Bransby(1975)给出了有多支护柔性围护墙后土体的位移分布模式，他把整个墙后变形区域划分为五个区，并给出了各自的范围。

Mana 和 Clough(1981)通过对几个黏性土中开挖工程现场观测资料的分析发现，在普通的施工条件下，墙体最大侧向位移与基坑的抗隆起安全系数存在着某种确定的关系。并结合有限元计算和工程经验提出了稳定安全系数法，用于估算围护结构和墙后地面的最大位移值。

Clough 和 Hansen(1981)利用有限元模拟分析了土层各向异性对土体、墙体位移分布的影响，指出土体的各向异性将使计算出的墙体位移和地表沉降会显著地增大，破坏区域也会显著增大。

Thomas(1981)通过对大量实测数据和模型试验结果的比较，得出墙体位移与地表沉降的变化规律，认为，墙体位移与地面沉降之比的极限值对于支撑式围护结构的基坑，约为 0.6，而对于悬臂式围护结构的基坑，则为 1.6。

Milligan(1983)提出，在平面应变状态下主动区位移的简单速度场可用滑移线来形象表示，滑移线与最大主应力方向成 $45° - \varphi/2$，式中，φ 为土体的内摩擦角。

曾国熙(1988)、Tsui(1989)、Wang(1989)、刘国彬(1990)等研究了支撑刚度、挡墙刚度、开挖形状和土的力学性质等对土体沉降的影响，总结了一些关于基坑形状、连续墙的设计尺寸等具体因素对土体沉降影响的规律。

侯学渊和陈永福(1989)根据地表沉陷和墙体水平位移相关的原理并基于三角形沉降公式的思路，提出了基坑地层损失法的概念，采用杆系有限元法或弹性地基梁法，然后依据墙体位移和地面沉降二者的地层移动面积相关的原理，求出墙后地面沉降。

Clough 和 O'Rourker(1990)统计了基坑维护墙侧向最大变形的值的影响因

素,并提出基坑变形控制设计的简化方法,图 1-2 为简化方法中维护墙水平变形和基坑围护结构刚度之间的关系图。

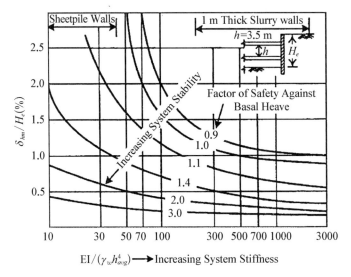

图 1-2　围护墙最大侧向位移设计图

李佳川(1992)利用三维有限元对钢支撑地下连续墙围护结构的基坑工程的坑周土体位移场进行了计算,并研究了坑底土体位移场的分布规律。

Ou 和 Hsieh 等(1993)通过台北的 10 个基坑工程变形的实测数据统计,找出了地表沉降与墙体变形的关系,指出开挖引起的地表沉陷型态有凹槽型及三角槽型两种,最大墙体变形与最大地表沉降的比值处于 0.5~1.0 之间。将地表沉降范围分为主要沉降区和次要沉降区,并给出了基坑围护墙中部(可看做平面应变状态)截面处的地表沉降槽公式。

韩云乔(1996)通过对南京地区一百多个基坑(深度 6 米以上)开挖后对周围环境影响的调查和监测资料分析,讨论了基坑开挖后的地层移动机理及其影响因素。

李亚(1999)对地层补偿法进行了修正,对于软黏土,简单位移场可表示为 $\delta x = \delta y = f(x+y)$,引入了收缩系数 α,并给出了位移场曲线部分的土体位移表达式。

杨国伟(2000)对超载作用下的基坑墙后地表沉降进行了研究。分析了超载的大小、超载埋置深度、抗隆起安全系数、挡墙变形性态等因素对地表沉降的影响,对地层补偿法进行了修正。

吕少伟(2001)对基坑实测位移场的研究发现,围护墙后土体水平位移分布模式主要可以分为两个区:一个是块体滑动区,该区水平边界距离围护墙大约为 1/3 倍挖深,垂直边界约为地表下一倍挖深,该区内土体水平位移沿水平方向基本不变,呈现整体滑动的特性;另一个是线性递减区,该区水平边界距离地下墙大约是一倍挖深,垂直边界约为两倍挖深,该区内土体水平位移沿水平方向线性递减到零。另外,地下墙后土体垂直位移分布模式大致也可以分为两个区:一为整体沉降区,开挖面以上至地表范围内的土体沉降值沿深度近似相等,各深度处沉降曲线近似等于地表沉降曲线;二为线性递减区,开挖面以下至两倍开挖深度处,土体沉降值随深度增加,逐渐线性减小为零。

高文华(2002)通过对软土基坑现场位移监测资料的统计分析及数值分析,详细探讨了不同的分步开挖工况条件下坑底和坑周的地层移动规律。

Finno 和 Roboski(2005)通过对芝加哥基坑的实测资料的分析,分析了基坑周边土体位移规律,指出墙后土体变形的三维分布规律,并提出了经验公式。

Blackburn 和 Finno(2007)通过对芝加哥某基坑的实测指出,坑后土体变形具有明显的三维效应,并发现三维效应会使墙后土体变形明显减小。

Finno 等(2007)通过三维有限元模拟了 150 个不同尺寸的基坑,指出平面模型能够有效模拟基坑围护墙中部的土体变形,而对于基坑边角的变形,只有在进行三维数值模拟的时候才能有效地估计。

Kung 等(2007)通过对不同地区的基坑变形的统计,提出了计算基坑维护墙变形和墙后土体最大沉降的简化计算方法。

Kung 等(2009)考虑土体小应变特性,通过对台北某基坑的数值模拟,指出土体的小应变对基坑周边土体变形具有重要的意义。

Wang 等(2010)通过对上海软土中 300 例基坑墙体位移和墙后土体沉降的统计,分析了软土中深基坑开挖引起的土层变形规律。

1.4.2　小应变对基坑变形的影响

自 Burland(1989)提出岩土工程中土体小应变特性对基础工程的影响之后,国内外学者在土体小应变特性上展开了一系列的研究。

Hryciw(1990)利用膨胀计测量了土体在小应变状态下的剪切模量,虽然由于技术的限制没有完全达到小应变状态,却是小应变试验研究的一大进步。

Whittle 等(1993)考虑土体小应变特性通过对波士顿地区的某基坑的分析指出,考虑土体小应变特性对估算基坑的变形具有重要的作用,是较为准确地估算基坑周边土体变形的基础。

Bellotti 等(1996)对 TICINO 砂进行了一系列的小应变的三轴试验,发现 TICINO 砂中土体的小应变刚度具有各向异性的特点,并分析了有效主应力对小应变刚度的影响。

Stallebrass 和 Taylor(1997)为估算超固结土对地层变形的影响,提出了一种带小应变的模型,并对其进行了验证。研究表明,超固结土具有明显的小应变特性,只有选用合理的具有小应变特性的模型才能较为准确地估计超固结状态下地层的变形特性。

Jen(1998)对黏土中深基坑开挖的设计和变形特性进行了大量研究,并发现土体的小应变特性是黏土中基坑设计和分析需要考虑的重要因素。

Mancuso 等(2002)利用空心圆柱剪切试验测量了粉质砂土的小应变特性。

Callisto(2002)对天然黏土在正常应力状态下的小应变特性进行了实验研究,试验中采用真三轴和弯曲元对土体的小应变特性进行测量,其应变测量精度可以达到 0.01%。实验发现,黏土在小应变状态下的刚度是各项异性的,水平向的初始刚度要比竖向的初始刚度大,且小应变状态下的剪切模量随着围压的增加而增大,最后指出真三轴测量结果和弯曲元的测量结果一致。

Kung(2007)将一个小应变模型引入基坑开挖引起的土体变形的分析中,指出该小应变模型可以有效地考虑基坑周边土体的小应变特性,并能利用其合理的估算基坑开挖引起的土体变形。

Benz(2009)和 Benz 等(2009)分析了岩土分析中土体小应变状态时刚度的变化,并对 HS 模型进行了扩展,提出了考虑小应变状态的 HS - small 模型,通过验证,证明该模型能够有效地考虑土体在小应变状态下刚度的衰减,合理地模拟土体小应变和大应变状态。

Fortuna 和 Whittle(2009)利用 MIT - S1 模型预测了 Pisa 土在各种应力路径下的小应变特性。

Xuan 等(2010)将一种小应变模型应用于基坑变形分析中,与其他模型进行对比,取得了较好的效果。

Hoyos(2011)报道了利用空心圆柱和弯曲元测量非饱和土的小应变的试验研究。

Clayton(2011)对土体小应变特性的研究现状以及在实践中的应用做了总结,归纳了考虑小应变的重要性以及土体小应变特性的研究方法。

研究也发现,土体的小应变特性和土体应力路径具有很重要的关系,因此,

Atkinson 等(1990)、Finno 和 Chung(1992)、Ng(1999)、Hashash 和 Whittle (2002)、Jung 等(2007)、Kim(2011)以及 Finno 和 Cho(2011)等人对基坑开挖周边的土体的应力路径以及应力历史对土体的刚度的影响进行了分析。

1.4.3 基坑变形特性的反分析

以数值分析为基础工程系统的设计往往具有一定数量的不确定性。其中的不确定性包括三部分：将物理模型抽象成数学模型过程中的不确定。分析过程中的一些假设和结果推算中的主观性。在岩土工程的问题中，情况更为复杂，不确定性还包括：① 土的性状；② 地表以下的尺寸和性状；③ 土工沉积和应力历史的推断。虽然目前有些文献讨论到了有限元计算过程中的不确定性问题，在实际工程中，这些不确定性都由安全系数来保障。这里主要针对特定模型在数值分析中材料特性的不确定性进行研究，反分析方法能够较为有效地分析材料特性的不确定性。

Schweiger(1998)通过对比不同的使用者对 2 个特殊的标准问题的分析结果，对有限元分析过程中的不确定性进行了研究。其中一个问题是以一个平面问题计算一个 12 m 深的基坑。周边三层土层均采用摩尔-库伦模型。本研究现目的即是对用户不确定的因素做微小改变，计算结果也将受到明显的影响。目前为止，仅 50% 的分析预测到了第一步开挖引起的位移。

反分析工作原理类似于非自动校准：输入参数或模型其他影响因素在分析过程中不断调整，直到计算结果吻合实测结果为止。但是，反分析具有能提供额外结果、在模型分析过程中统计方面的众多优点和加速参数调整过程。总的来说，反分析的基本优点为可以自动计算，可以使计算结果和实测结果吻合的输入参数，除此之外，优点还包括：① 相对传统的试算法，可以节约大量时间；② 量化统计校准结果、统计参数估计和计算结果的可信度；③ 发现在非自动校准中很容易被忽视的问题。

如果采用数值方法来计算项目，则采用反分析后的模型有助于减少其他步骤的时间和成本。实践中，反分析可以用来优化模型并且估计合适的输入参数来预测结果。在实践工程中，如果工程中有实时监测系统，可以利用反分析来优化参数，实时更新预测结果。研究证明，反分析方法在实践中具有较广泛的实用性，并且反分析结果对于实践来说很有价值。虽然结果较为可靠，但是岩土实践中对这方面的研究还较少。

Ou 和 Tang(1994)利用优化方法结合有限元分析了深基坑的计算参数。他们用非线性分析技术分析了邓肯-张模型9个参数的2个参数(K和K_b），其他参数可以准确地通过实验确定或者是对计算结果影响较小。并且通过已知的数学方程、理想化的基坑和一个实际的基坑项目来验证了该反分析法的稳定性和收敛性。

Calvello(2002)以及 Calvello 和 Finno(2002)对反分析方法在基坑工程变形分析中的应用进行了探讨，并开始将反分析方法在基坑工程开挖分析中推广开来。

Calvello 和 Finoo(2004)基于芝加哥地区某基坑土体室内试验和现场实测数据，对 HS 模型参数做了相关系数和影响系数分析，探讨了如何合理选取土体模型中的参数，更为有效地利用反分析技术来分析基坑开挖引起的土体变形。

Finno 和 Calvello(2005)借助反分析技术对芝加哥某基坑进行了反分析建模，结果显示反分析可以有效地改进计算结果，进行比较合理的计算。

Rechea 等(2008)基于反分析技术，对某基坑分析时参数的确定进行了研究，并将确定的参数应用于同地区其他基坑中，取得了较好的效果。

Hashash 等(2011)对芝加哥地区某基坑的变形特性进行了三维的反分析，指出二维的分析只能分析基坑围护墙中心的变形，而三维的反分析可以全面利用实测数据，更合理地分析基坑的变形特性。

1.5　被动桩研究现状

被动桩的承载机理不同于普通受荷桩，桩基不直接承受外荷载而是由于桩周土体因地表附加荷载(如填土、堆载)或地层卸载(如基坑、隧道开挖)作用下发生变形被动的承受土体传来的压力。工程中常见的被动桩问题主要有以下几种：

　A. 在挤土桩施工过程中，由于打桩(或压桩)引发的挤土效应会使周围土体产生水平位移，引起邻近桩身挠曲；

　B. 建于软土地基中的桩基码头，由于港池开挖和堆物的填土而是土体产生显著的地基沉降和水平位移，从而导致码头的偏位甚至破坏；

　C. 地面堆载附近的桩基或路堤旁建筑物的桩基，由于堆载引起的地基土侧向移动，对桩基础施加较大的水平荷载；

　D. 抗滑桩、护坡桩等；

E. 基坑开挖或隧道开挖条件下邻近的桩基。

被动桩与土体相互作用是一个十分复杂的问题,针对此问题国内外学者开展了大量的研究,主要分为试验研究、整体分析方法研究和两阶段分析方法研究。

1.5.1 试验研究

室内实验具有较强的可控性,试验结果较直观,各国学者针对这一问题展开了大量的重力场和离心模型试验:

Morton 和 King(1979)通过室内模型试验研究了隧道施工对桩基承载力和沉降的影响,他们发现隧道施工对桩基的影响很大,并得出结论:在软弱土层地下工程的设计和施工中,隧道对已有邻近桩基或上部结构的影响将是主要考虑的问题。但是由于实验方法简单,试验结果是否能应用实际工程有待商榷。

Bezuijon 等(1994)通过离心机模型试验分析了在黏性土和砂土互层中开挖隧道对邻近桩基础竖向沉降的影响,试验结果表明:① 当桩基距隧道水平距离小于 $0.57D$(D 为隧道直径)时,隧道开挖会引起桩基的显著沉降,甚至引起上部结构的破坏;② 当桩端在隧道下方时,桩基沉降有所减少;③ 桩基沉降与隧道开挖引起的地层损失呈线性关系;④ 桩基承载力随地层损失增大而减小。

Poulos 等(1995)通过室内"1 g"试验说明了单桩在水平土体位移下的力学反应并与边界元程序结果进行了对比,试验表明,在土性参数一致的条件下,承受水平土体位移单桩的影响因素包括桩顶边界条件、桩插入土体深度、桩体刚度等。在此基础上 Chen 和 Poulos(1997)开展了一系列室内模型试验分析群桩在线性变化的水平土体位移作用下的力学反应,探讨了桩位、桩距、桩数及桩顶边界条件对群桩效应的影响。

Loganathan 等(2000)通过三个离心机模型试验分析了隧道施工引起的土体变形及其对邻近单桩和群桩的影响。试验结果表明,当隧道轴线位于或邻近桩底平面时,隧道施工引起的桩基弯矩和侧向变形是主要的,桩的侧向变形和自由土体侧向位移大小基本相同;而当隧道轴线位于桩底平面以下时,隧道施工引起的桩基轴力是主要的。同时也发现,隧道施工引起的离隧道同样距离的单桩和群桩的水平位移和弯矩相差不大。

Leung 等(2000,2003)通过离心机模型试验分析了干密砂中基坑开挖对邻近单桩和群桩的影响,试验结果表明,基坑开挖引起的桩身内力和位移随桩距地下连续墙距离呈指数减小,桩定固定尽管能降低桩身位移与转角,却在桩顶附近产生较大的附加内力,群桩桩形对群桩效应有显著的影响,当两根桩排列方向与地下连续墙垂直时,前桩会显著减小后桩的内力和变形,随着桩数的增加,群桩效应增大,群桩中中间桩内力与位移比单桩显著减少。

Goh 等(2003)在一个实际的基坑工程边上做了被动桩承载特性的全尺寸现场测试,对被动桩承载特性进行了分析,并用理论方法对被动单桩的承载特性进行了分析,取得了较好的结果。

Jacobsz 等(2004)通过离心机模型试验模拟砂土中隧道开挖过程,分析隧道开挖引起的自由土体位移及其对邻近桩基的影响,离心机加速度为 $75\,g$,模型桩均位于隧道拱顶上方,作者假设模型桩弯矩对轴力影响很小。试验结果表明,桩底平面的位置决定隧道开挖对桩基影响程度的大小,离隧道越近,桩基沉降越大。

Ong 等(2006)通过离心机试验分析了黏性土中两种不同隧道变形模式下隧道开挖引起的地表沉降槽以及对邻近单桩的影响,离心机最大加速度为 $100\,g$,通过长期和短期试验结果对比作者认为,时间效应对桩身内力变化有显著影响,在开挖结束 720 天后,桩身最大弯矩和轴力分别增加 100% 和 156%,所以,隧道开挖后其邻近桩基的竖向和水平向承载力应予以重新评估。

Ong 等(2006)和 Leung 等(2006)针对基坑开挖对邻近单桩的影响进行了一系列的离心试验,研究了基坑周边土体位移和邻近基坑的被动桩的承载特性,并对围护墙的完整程度对被动桩承载特性的影响进行了探讨。

Lee 等(2007)采用不同直径的合金金属条模拟土体,铝合金块体模拟桩基进行了室内平面模型试验分析隧道开挖对桩基的影响,并通过摄像技术分析了桩底沉降及隧道开挖对桩基的影响范围。

Meguid 和 Mattar(2009)对黏性土中隧道-土-桩的相互作用进行了实验研究,指出了在隧道开挖过程中如何考虑邻近桩基的影响。

1.5.2 整体分析方法

整体分析法就是将桩、土体以及引起土体位移的外荷载(如地表堆载、基坑开挖、隧道开挖等)视作一个整体,这类分析方法通常采用三维整体有限单元法或有限差分法进行整体数值分析,计算外荷载引起的土体位移作用下被动桩的位移和内力。

Lee 等(2002)应用非线性三维有限元程序 ABAQUS 分析了土体沉降对群桩的影响以及群桩效应,并与已有经验方法以及 Poulos(1969)弹性解析解作了对比,通过比较,认为传统弹性分析方法和经验方法高估了土体沉降引起的桩基负摩阻力,桩土分界面性质对群桩有较大的影响。Lee 和 Ng(2004)基于 ABAQUS 分析了土体固结沉降对单桩和群桩的影响,计算对比了二维轴对称模型与三维有限元模型、桩土弹性接触与桩土弹塑性接触对结算结果的影响,并通过对 3×3、5×5 群桩的计算分析了被动桩的群桩效应。在此基础上,Ng 等 (2005)用整体数值方法对固结土中群桩的遮拦效应的一系列离心机试验模型进行了对比分析。Hana 等(2006)应用三维有限元程序 GRISP 分析了黏土固结沉降对单桩的影响,分析表明,在固结黏土中正常工作状态下的桩会同时承受正负摩阻力的作用,需要合理地确定桩身中性面的位置来优化设计桩基。Zhao 等 (2008)利用三维有限元模拟技术分析了被动群桩的桩土相互作用。

在隧道开挖对桩基影响方面,Mroueh 和 Shahrour(2002,2003)采用三维有限元程序 PECPLAS 模拟隧道开挖的真实过程分析隧道开挖对桩基及上部结构的影响,对比了有承台和无承台两种情况下桩基的承载特性,并讨论了主要参数的影响。Lee 和 Ng(2005)应用大型商业有限元程序 ABAQUS 建立了弹塑性三维有限元模型,考虑固结作用的影响,分析了隧道施工对受荷单桩的影响,计算结果表明,在距隧道纵轴线 $1D$ 和隧道开挖面后的区域内隧道施工对桩体影响很大,桩顶和桩底周围土体分别产生正、负超孔隙水压力,由于隧道开挖引起了桩基沉降,桩基的安全系数由 3.0 降至 1.5。Lee 和 Jacobsz(2006)针对韩国地区典型土体采用三维有限差分程序 FLAC3D 分析了隧道开挖对邻近单桩的影响,并讨论了隧道穿越桩底和从桩旁边穿越桩基的承载特性的不同,文中讨论了隧道开挖引起的单桩沉降与轴力,缺少对由于隧道开挖引起桩基的水平变形和弯矩的分析。Cheng 等(2006)利用位移控制有限元对隧道开挖对邻近桩基的影响进行了分析。杨超等(2007)对隧道开挖对桩基的影响进行了三维有限元数值模拟。杜佐龙等(2009)采用位移控制有限元对邻近隧道的桩基承载特性进行了研究。Zhao 等(2008)对隧道和地面堆载时被动桩的桩土相互作用进行了三维有限元模型分析。Yang 等(2011)利用三维有限元技术分析了隧道开挖对邻近桩基的影响,结果显示影响区域可以分为两个,分别由两条 $45°$ 线分割,并分析了被动桩的群桩效应。

基坑开挖对桩基影响方面,首先,Finno(1991)采用平面应变轴对称有限元 JFEST 对基坑开挖邻近桩基的现场试验进行了分析,模拟了围护结构的形成和开挖过程,以及围护结构的撤除等过程。杨敏等(2005)采用三维整体弹塑性有限元法针对基坑开挖邻近桩基的相互作用进行了分析,并讨论了开挖深度、支护墙刚度、桩基和支护墙距离、桩基刚度和桩顶约束条件对桩基附加弯矩、位移的影响。Iliadelis(2006)对基坑开挖对邻近桩基的影响也进行了三维的有限元分析。陈福全等(2008)对邻近基坑的桩基也进行了整体的数值分析,得出一些有用的结论。

整体数值分析方法能够全面考虑桩-土、桩-桩相互作用,但是,由于计算复杂,需要专业的软件,不易被工程设计人员接受。

1.5.3 两阶段分析方法

两阶段分析方法就是将被动桩的分析分为两个阶段:

(1) 采用经验方法、解析法或有限元法估算桩位处土体的自由位移场;

(2) 将第一阶段得到的自由位移场施加于桩上,计算桩基的承载特性。

Poulos 等(1973)假设土体为理想、均匀的弹性体,基于 Mindlin 解提出了水平土体位移作用下被动桩的弹性解,Poulos 指出桩土相对刚度越小,桩身变形越大且内力越小。Goh 等(1997)将桩视作梁单元,建立地表堆载引起的土体位移对单桩影响的分析方法并编制了程序 BCPILE。Xu 和 Poulos(2001)开发了边界元程序 GEPAN 针对各种情况下的被动桩基作了详尽的分析并与现有成果进行了对比。Guo(2001)通过引入等效荷载与土体位移的关系提出了土体位移作用下被动桩的简化解析方法,并与数值计算结果进行了对比得到了较好的一致性。栾茂田等(2004)基于 Winkler 假设分析了地表堆载作用下被动桩基的承载特性,采用非线性的 $p-y$ 关系曲线表示桩土接触,并分析了一些影响因素。这种方法的不足之处在于对土体的弹性假设,并且需要真实的土体位移边界条件,而要获得真实的土体位移,往往较为困难。

目前,国内外文献中已有几种两阶段分析方法提出,对于隧道开挖引起的土体,自由位移场计算大致有两类:一类多采用 Logananthan 和 Poulos(1998)所提出的修正解析公式进行估算;另一类则采用经验方法或有限元法计算得到。

当土体自由场位移采用解析公式得到后,各种两阶段方法的主要区别在第二阶段。Chen 等(1999)采用简化边界元程序 PALLAS 和 PIES 分别计算隧道开挖时桩基的水平和竖向承载特性,分析了隧道开挖对邻近单桩的影响,并根据参数分析绘制了相应的计算图表。Loganathan 等(2001)采用边界元程序 GEPAN 将解析解得到的自由土体位移施加于桩,计算隧道开挖对邻近单桩和群桩的影响。计算结果表明除轴力外,可用单桩计算的结果近似估算群桩,隧道开挖引起的桩身弯矩、轴力和侧向位移皆在隧道中心深度附近为最大。

Kitiyodom 等(2004,2005)则是将基于 Mindlin 解的弹性理论法与梁板有限单元法相结合,利用有限元法考虑筏板基础和桩的柔性,利用 Mindlin 解的弹性理论法考虑板-桩-土之间的作用,编制程序 PRAB 计算了隧道开挖对单桩和群桩的影响,与已有文献比较,验证了方法的可行性,并作了相应的参数分析。Surjadinata 等(2006)采用有限元法和边界元法相结合的两阶段法计算隧道开挖对单桩的影响:第一阶段应用有限元法计算无桩时的自由土体位移场;第二阶段利用边界元程序将自由土体位移施加于桩分析桩基的反应。与整体有限元法相比这种方法耗时少,相对简便,可以随时调整桩基参数进行计算。但文中仅分析了桩基的水平向反应,未见竖向反应分析。

　　李早和黄茂松等(2007—2008)基于 Winkler 地基采用荷载传递法提出了一种两阶段计算方法。Huang 等(2009)也采用两阶段方法对非均质地基中邻近隧道的高承台群桩基础进行了分析。

　　对于基坑开挖对邻近桩基的影响,由于缺乏估算基坑周围土体自由位移场的经验和理论方法,该问题的两阶段方法较少。Poulos 和 Chen 等(1997)认为,被动桩计算的准确程度很大程度上取决于自由土体位移估算的真实性,从而建立了有限元与边界元程序联合两阶段方法分析基坑开挖对邻近单桩的影响,首先应用有限元程序 AVPULL 计算基坑开挖引起的自由位移场,然后将自由位移场作为边界条件应用边界元程序 PALLAS 计算对桩基的影响。张陈蓉(2009)采用基坑模型试验中实测土体位移,对邻近桩基进行了两阶段的承载特性分析。

　　综上,既有研究的主要不足之处可以总结为如下几点:

　　(1)隧道开挖引起的周围土体位移场已经有较为成熟的理论方法可以计算,而对于基坑开挖引起的自由场位移的计算主要还依赖有限元模拟和实验测试,缺乏简单实用的理论计算方法;

　　(2)有限元模拟可以有效地估算实践中地下工程开挖引起的土体变形和对周边环境的影响,但是,这是建立在能够有效消除有限元模拟中各种不确定因素的情况下,对有限元模拟时的参数的合理选用还缺乏一定的研究;

　　(3)针对隧道开挖引起的被动桩的承载特性有不少简化计算方法,而对基坑开挖引起的被动桩问题,缺乏有效的理论计算方法;

　　(4)现有针对被动桩的简化计算方法主要还是在均质地基中,而对于分层地基的简化计算方法未见报道;

　　(5)被动桩的理论方法的研究还局限于单桩、群桩和高承台群桩,针对桩筏基础的研究甚少。

1.6 研 究 目 的

本书旨在研究地下工程开挖引起的桩筏基础的力学反应。

要评估被动桩的承载特性,首先要研究地下工程开挖引起的土体的自由场位移,对于隧道开挖,目前已具有较为实用的数值方法、理论方法和经验方法,而对于基坑开挖,目前有限元数值方法还是主要方法,所以,如何确定合理的参数来精确计算基坑开挖引起的周边土体的变形和找出一套计算基坑周边土体变形的简化计算方法是本书的重要任务之一。

对被动单桩和群桩目前已经有不少研究,而对于被动桩筏基础国内外研究报告较少。单桩承载力往往由侧摩阻力和端承力组成,地下工程开挖引起的土体位移会造成侧摩阻力和端承力的折损,而一般情况下,地下工程施工时被动桩基已经存在,因此,实测资料相对比较匮乏。而群桩则更是要考虑桩-桩相互作用,情况较为复杂。对被动桩筏基础来说,需要考虑桩-土-筏相互作用,情况更为复杂,被动荷载作用机理也无法简单描述。因此,找到合理的方法来计算地下工程开挖引起的桩筏基础的响应,也是本书的目的之一。

对被动桩的研究主要还集中于均质地基中,而实践工程中,往往为分层地基。目前还没有在分层地基中分析被动桩筏基础响应的研究见诸报道,因此,形成一套可以计算分层地基中被动桩承载特性的简化计算方法也是本书的重点攻关任务之一。

1.7 本 书 内 容

根据上述研究目的和构架,本书主要分为七章。

第1章 绪论,说明本书的研究目的,本书相关的研究现状和主要研究内容;

第2章 层状地基中复杂荷载作用下桩筏基础分析,弹基于性层状半空间对称与非对称问题基本解,推导弹性层状地基中作用竖向和水平向荷载时引起土体的位移的基本计算公式。在此基础上,考虑桩-土-筏相互作用推导了层状

地基中复杂荷载作用下桩筏基础的计算方法,并对此方法进行验证;

第 3 章　层状地基中隧道开挖对邻近桩筏基础的影响分析,建立包括均质和分层地基中,隧道开挖对邻近单桩、群桩和桩筏的竖向和水平影响分析方法,对其进行验证,并进行影响参数分析;

第 4 章　基于反分析法的基坑开挖对周边环境影响分析,基于反分析法,研究如何确定较为合理的参数来计算基坑开挖引起的周边土体位移;

第 5 章　层状地基中基坑开挖对邻近桩筏基础影响简化分析,提出基坑开挖引起的周边土体自由场变形的简化计算方法,结合分层地基中被动桩计算方法来评估邻近基坑的被动桩筏的承载特性;

第 6 章　对本书进行全面回顾,提出进一步的研究方向。

第2章
分层地基中复杂荷载作用下桩筏基础分析

桩筏基础在主动荷载作用下的承载特性是较为经典的问题,也是被动桩筏基础分析的基础。因此,在分析分层地基中被动桩筏基础的承载特性之前,本书首先对层状地基中主动荷载作用下的桩筏基础分析方法进行研究。经典的桩筏基础研究往往针对均质地基中竖向荷载作用下的桩筏基础,本章拟对层状地基中竖向、水平向和弯矩共同作用下的桩筏基础进行研究。弹性层状半空间问题的基本解是该研究的基础,下文先对弹性层状半空间中对称与非对称问题的基本解进行推导。

2.1 弹性层状半空间对称与非对称问题解析解

如图2-1所示,层状弹性半空间中基本问题为任意荷载 P 作用于层状弹性半空间中,要求得弹性层状半空间中任意点 A 处的应力和位移。

2.1.1 均质地基中基本解

Harding 和 Sneddon(1945)以及 Muki(1960)给出了均质弹性半空间中该问题的解答,经过 Ai 等(2002)改写后可表示为

$$u = -\frac{1}{2} \sum_{k=0}^{\infty} (I_{k+1} - I_{k-1}) \cos k\theta \qquad (2-1a)$$

$$v = -\frac{1}{2} \sum_{k=0}^{\infty} (I_{k+1} + I_{k-1}) \sin k\theta \qquad (2-1b)$$

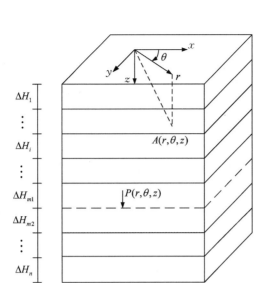

图 2-1　弹性层状体系示意图

$$w = -\sum_{k=0}^{\infty} \int_0^{\infty} \{[A + (2 - 4v + \xi z)B]e^{-\xi z} + [C - (2 - 4v$$
$$- \xi z)D]e^{\xi z}\} J_k(\xi r)\cos k\theta\xi \qquad (2-1c)$$

$$\frac{\sigma_r}{2G} = \sum_{k=0}^{\infty} \left\{ -\int_0^{\infty} \xi\{[A - (1 + 2v - \xi z)B]e^{-\xi z} - [C + (1 + 2v + \xi z)D]e^{\xi z}\} \right.$$
$$\left. J_k(\xi r)\mathrm{d}\xi + \frac{k+1}{2r}I_{k+1} + \frac{k-1}{2r}I_{k-1} \right\} \qquad (2-1d)$$

$$\frac{\sigma_\theta}{2G} = \sum_{k=0}^{\infty} \left\{ 2v\int_0^{\infty} \xi(Be^{-\xi z} + De^{\xi z})J_k(\xi r)\mathrm{d}\xi - \frac{k+1}{2r}I_{k+1} - \frac{k-1}{2r}I_{k-1} \right\}\cos k\theta$$
$$(2-1e)$$

$$\frac{\sigma_z}{2G} = \sum_{k=0}^{\infty} \int_0^{\infty} \xi\{[A + (1 - 2v + \xi z)B]e^{-\xi z} - [C - (1 - 2v$$
$$- \xi z)D]e^{\xi z}\} J_k(\xi r)\mathrm{d}\xi\cos k\theta \qquad (2-1f)$$

$$\frac{\tau_{r\theta}}{2G} = \sum_{k=0}^{\infty} \left\{ \int_0^{\infty} \xi(Ee^{-\xi z} + Fe^{-\xi z})J_k(\xi r)\mathrm{d}\xi + \frac{k+1}{2r}I_{k+1} - \frac{k-1}{2r}I_{k-1} \right\}\sin k\theta$$
$$(2-1g)$$

$$\frac{\tau_{\theta z}}{2G} = \frac{1}{2}\sum_{k=0}^{\infty} (L_{k+1} + L_{k-1})\sin k\theta \qquad (2-1h)$$

$$\frac{\tau_{rz}}{2G} = \frac{1}{2} \sum_{k=0}^{\infty} (L_{k+1} - L_{k-1}) \cos k\theta \qquad (2-1i)$$

其中, u, v, w 分别为沿 r, θ, z 方向的位移, σ_r、σ_θ、σ_z、$\tau_{r\theta}$、$\tau_{\theta z}$ 和 τ_{rz} 为应力分量,G 为材料剪切模量,A、B、C、D、E 和 F 可由边界条件确定。

$$I_{k+1} = \int_0^\infty \{ [A - (1 - \xi z)B - 2E] e^{-\xi z} - [C + (1 + \xi z)E$$
$$+ 2F] e^{\xi z} \} J_{k+1}(\xi r) d\xi \qquad (2-2a)$$

$$I_{k-1} = \int_0^\infty \{ [A - (1 - \xi z)B + 2E] e^{-\xi z} - [C + (1 + \xi z)E$$
$$- 2F] e^{\xi z} \} J_{k-1}(\xi r) d\xi \qquad (2-2b)$$

$$L_{k+1} = \int_0^\infty \{ [A - (2v - \xi z)B - E] e^{-\xi z} + [C + (2v + \xi z)E$$
$$+ F] e^{\xi z} \} J_{k+1}(\xi r) d\xi \qquad (2-2c)$$

$$L_{k-1} = \int_0^\infty \{ [A - (2v - \xi z)B + E] e^{-\xi z} + [C + (2v + \xi z)E$$
$$- F] e^{\xi z} \} J_{k-1}(\xi r) d\xi \qquad (2-2d)$$

2.1.2 轴对称荷载下层状弹性半空间的分析

1. 轴对称荷载作用下单层地基的传递矩阵法

如图 2-2 所示,在弹性地基表面作用对称荷载时,平行于地基表面的任意层上的位移和应力可由式(2-1)得到,根据 Hankel 变换,可写出位移和应力变换式 $\bar{u}(\xi, z)$, $\bar{w}(\xi, z)$, $\bar{\tau}(\xi, z)$, $\bar{\sigma}(\xi, z)$ 的表达式:

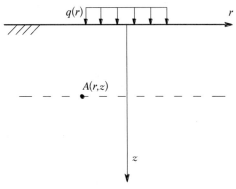

图 2-2 轴对称荷载作用下的单层地基

$$\bar{u}(\xi,\,z) = -\frac{1}{\xi}\{[A-(1-\xi z)B]\mathrm{e}^{-\xi z} - [C+(1+\xi z)D] \cdot \mathrm{e}^{\xi z}\}$$

$$(2-3\mathrm{a})$$

$$\bar{w}(\xi,\,z) = -\frac{1}{\xi}\{[A+(2-4v+\xi z)B]\mathrm{e}^{-\xi z} + [C-(2-4v-\xi z)D] \cdot \mathrm{e}^{\xi z}\}$$

$$(2-3\mathrm{b})$$

$$\frac{\bar{\sigma}_z(\xi,\,z)}{2G} = [A+(1-2v+\xi z)B]\mathrm{e}^{-\xi z} - [C-(1-2v-\xi z)D] \cdot \mathrm{e}^{\xi z}$$

$$(2-3\mathrm{c})$$

$$\frac{\bar{\tau}_{zr}(\xi,\,z)}{2G} = [A-(2v-\xi z)B]\mathrm{e}^{-\xi z} + [C+(2v+\xi z)D] \cdot \mathrm{e}^{\xi z} \quad (2-3\mathrm{d})$$

其中，$\bar{u}(\xi,\,z)$，$\bar{w}(\xi,\,z)$，$\bar{\tau}_{rz}(\xi,\,z)$，$\bar{\sigma}_z(\xi,\,z)$ 与 $u(r,\,z)$，$w(r,\,z)$，$\tau_{rz}(r,\,z)$，$\sigma_z(r,\,z)$ 的关系可由式(2-4)表示：

$$\bar{u}(\xi,\,z) = \int_0^\infty u(r,\,z)rJ_1(\xi r)\mathrm{d}r \qquad (2-4\mathrm{a})$$

$$\bar{w}(\xi,\,z) = \int_0^\infty w(r,\,z)rJ_0(\xi r)\mathrm{d}r \qquad (2-4\mathrm{b})$$

$$\bar{\sigma}_z(\xi,\,z) = \int_0^\infty \sigma_z(r,\,z)rJ_0(\xi r)\mathrm{d}r \qquad (2-4\mathrm{c})$$

$$\bar{\tau}_{rz}(\xi,\,z) = \int_0^\infty \tau_{rz}(r,\,z)rJ_1(\xi r)\mathrm{d}r \qquad (2-4\mathrm{d})$$

在式(2-3)中，令 $z=0$ 可以得到关于四个系数 A、B、C、D 的线性方程组，得到 A、B、C、D，由此可以用 $\bar{u}(\xi,\,0)$，$\bar{w}(\xi,\,0)$，$\bar{\tau}(\xi,\,0)$，$\bar{\sigma}(\xi,\,0)$ 表示出四个系数。再回代到式(2-3)中，可得单层地基的初始函数表达式：

$$\begin{Bmatrix} \bar{u}(\xi,\,z) \\ \bar{w}(\xi,\,z) \\ \bar{\tau}_{rz}(\xi,\,z) \\ \bar{\sigma}_z(\xi,\,z) \end{Bmatrix} = \begin{bmatrix} \Phi_{11} & \Phi_{12} & \Phi_{13} & \Phi_{14} \\ \Phi_{21} & \Phi_{22} & \Phi_{23} & \Phi_{24} \\ \Phi_{31} & \Phi_{32} & \Phi_{33} & \Phi_{34} \\ \Phi_{41} & \Phi_{42} & \Phi_{43} & \Phi_{44} \end{bmatrix} \begin{Bmatrix} \bar{u}(\xi,\,0) \\ \bar{w}(\xi,\,0) \\ \bar{\tau}_{rz}(\xi,\,0) \\ \bar{\sigma}_z(\xi,\,0) \end{Bmatrix} \qquad (2-5)$$

上式可以简记为

$$\{\bar{G}(\xi,\,z)\} = [\Phi(\xi,\,z)]\{\bar{G}(\xi,\,0)\} \qquad (2-6)$$

其中， $\{\overline{G}(\xi, z)\} = \{\overline{u}(\xi, z), \overline{w}(\xi, z), \overline{\tau}_{rz}(\xi, z), \overline{\sigma}_z(\xi, z)\}^T$,

$\{\overline{G}(\xi, 0)\} = \{\overline{u}(\xi, 0), \overline{w}(\xi, 0), \overline{\tau}_{rz}(\xi, 0), \overline{\sigma}_z(\xi, 0)\}^T$

$$[\boldsymbol{\Phi}(\xi, z)] = \begin{bmatrix} \Phi_{11} & \Phi_{12} & \Phi_{13} & \Phi_{14} \\ \Phi_{21} & \Phi_{22} & \Phi_{23} & \Phi_{24} \\ \Phi_{31} & \Phi_{32} & \Phi_{33} & \Phi_{34} \\ \Phi_{41} & \Phi_{42} & \Phi_{43} & \Phi_{44} \end{bmatrix}$$

各项的公式为

$$\Phi_{11} = \frac{1}{2(1-v)}\xi z \cdot \mathrm{sh}\xi z + \mathrm{ch}\xi z$$

$$\Phi_{12} = \frac{1}{2(1-v)}[(1-2v) \cdot \mathrm{sh}\xi z + \xi z \cdot \mathrm{ch}\xi z]$$

$$\Phi_{13} = \frac{1+v}{(1-v)E} \cdot \frac{1}{2\xi}[(3-4v) \cdot \mathrm{sh}\xi z + \xi z \cdot \mathrm{ch}\xi z]$$

$$\Phi_{14} = \frac{1+v}{(1-v)E} \cdot \frac{1}{2\xi}(\xi z \cdot \mathrm{sh}\xi z)$$

$$\Phi_{21} = \frac{1}{2(1-v)}[(1-2v) \cdot \mathrm{sh}\xi z - \xi z \cdot \mathrm{ch}\xi z]$$

$$\Phi_{22} = -\frac{1}{2(1-v)} \cdot \xi z \cdot \mathrm{sh}\xi z + \mathrm{ch}\xi z$$

$$\Phi_{23} = -\frac{1+v}{(1-v)E} \cdot \frac{1}{2\xi} \cdot \xi z \cdot \mathrm{sh}\xi z$$

$$\Phi_{24} = \frac{1+v}{(1-v)E} \cdot \frac{1}{2\xi} \cdot [(3-4v)\mathrm{sh}\xi z - \xi z \cdot \mathrm{ch}\xi z]$$

$$\Phi_{31} = \frac{E}{2(1-v^2)} \cdot \xi \cdot [\mathrm{sh}\xi z + \xi z \cdot \mathrm{ch}\xi z]$$

$$\Phi_{32} = \frac{E}{2(1-v^2)} \cdot \xi \cdot \xi z \cdot \mathrm{sh}\xi z$$

$$\Phi_{33} = \frac{1}{2(1-v)} \cdot \xi z \cdot \mathrm{sh}\xi z + \mathrm{ch}\xi z$$

$$\Phi_{34} = -\frac{1}{2(1-v)} \cdot ((1-2v) \cdot \mathrm{sh}\xi z - \xi z \cdot \mathrm{ch}\xi z)$$

$$\Phi_{41} = -\frac{E}{2(1-v^2)} \cdot \xi \cdot \xi z \cdot \mathrm{sh}\xi z$$

$$\Phi_{42} = \frac{E}{2(1-v^2)} \cdot \xi \cdot (\mathrm{sh}\xi z - \xi z \cdot \mathrm{ch}\xi z)$$

$$\Phi_{43} = -\frac{1}{2(1-v)} \cdot (sh \cdot \xi z + \xi z \cdot \mathrm{ch}\xi z)$$

$$\Phi_{44} = -\frac{1}{2(1-v)} \cdot \xi z \cdot \mathrm{sh}\xi z + \mathrm{ch}\xi z$$

$[\boldsymbol{\Phi}(\xi, z)]$ 为传递矩阵。

2. 轴对称荷载作用下多层地基解析解

在 n 层地基中,在第 m 层内部作用一轴对称荷载(集中力、圆形荷载和圆环荷载等),如图 2 - 3 所示。

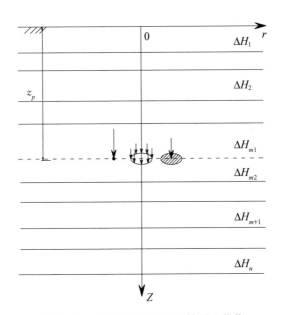

图 2 - 3　多层地基内部作用轴对称荷载

在地基表面处,即 $z = 0$ 处,自由边界情况:

$$\sigma_z = \tau_{rz} = 0$$

在地基底面处,即 $z = H_n$ 处,固定边界情况:

$$u = w = 0$$

根据层间连续条件,运用传递矩阵法,写出每层地基的传递方程:

$$\{\bar{G}(\xi,\ H_1^-)\} = [\Phi(\xi,\ \Delta H_1)]\{\bar{G}(\xi,\ 0)\}$$

$$\{\bar{G}(\xi,\ H_2^-)\} = [\Phi(\xi,\ \Delta H_2)]\{\bar{G}(\xi,\ H_1^+)\}$$

$$\cdots$$

$$\{\bar{G}(\xi,\ H_{m1}^-)\} = [\Phi(\xi,\ \Delta H_{m1})]\{\bar{G}(\xi,\ H_{m-1}^+)\}$$

$$\{\bar{G}(\xi,\ H_m^-)\} = [\Phi(\xi,\ \Delta H_{m2})]\{\bar{G}(\xi,\ H_{m1}^+)\}$$

$$\cdots$$

$$\{\bar{G}(\xi,\ H_n^-)\} = [\Phi(\xi,\ \Delta H_n)]\{\bar{G}(\xi,\ H_{n-1}^-)\}$$

式中,$\Delta H_{m1} = H_{m1} - H_{m-1}$,$\Delta H_{m2} = H_m - H_{m1}$,$H_{m1}$ 是荷载作用面到地表的距离。

对层间结合条件,进行零阶和一阶 Hankel 变换,可得到

$$\{\bar{G}(\xi,\ H_1^+)\} = \{\bar{G}(\xi,\ H_1^-)\}$$

$$\{\bar{G}(\xi,\ H_2^+)\} = \{\bar{G}(\xi,\ H_2^-)\}$$

$$\cdots$$

$$\{\bar{G}(\xi,\ H_{m1}^+)\} = \{\bar{G}(\xi,\ H_{m1}^-)\} - \left\{0,\ 0,\ 0,\ \frac{P}{2\pi}\right\}^{\mathrm{T}}$$

$$\cdots$$

$$\{\bar{G}(\xi,\ H_{n-1}^+)\} = \{\bar{G}(\xi,\ H_{n-1}^-)\}$$

因此,按照层间结合条件,逐层递推,可得

$$\{\bar{G}(\xi,\ H_n^-)\} = [f]\{\bar{G}(\xi,\ 0)\} - [s]\{p\} \tag{2-7}$$

其中,$[f] = [\Phi(\xi,\ \Delta H_n)][\Phi(\xi,\ \Delta H_{n-1})]\cdots[\Phi(\xi,\ \Delta H_1)]$

$[s] = [\Phi(\xi,\ \Delta H_n)][\Phi(\xi,\ \Delta H_{n-1})]\cdots[\Phi(\xi,\ \Delta H_{m2})]$

$\{p\} = \left\{0 \quad 0 \quad 0 \quad \dfrac{P}{2\pi}\right\}^{\mathrm{T}}$,作用集中力时

$\{p\} = \left\{0 \quad 0 \quad 0 \quad \dfrac{r_0 J_1(\xi r_0)P}{\xi \pi r_0^2}\right\}^{\mathrm{T}}$,作用圆形均布荷载时

$\{p\} = \left\{0 \quad 0 \quad 0 \quad \dfrac{J_0(\xi r_0)P}{2\pi}\right\}^{\mathrm{T}}$,作用圆环均布荷载时

对荷载作用面以上的点：

$$\{\bar{G}(\xi, z)\} = [a]\{\bar{G}(\xi, 0)\} \tag{2-8}$$

其中，$[a] = [\Phi(\xi, z - H_{i-1})][\Phi(\xi, \Delta H_{i-1})]\cdots[\Phi(\xi, \Delta H_1)]$

对于荷载作用面以下的点：按照相同的思路，可以建立与式(2-7)、式(2-8)相似的式子如下：

$$\{\bar{G}(\xi, 0)\} = [f]\{\bar{G}(\xi, H_n^-)\} - [s]\{p\} \tag{2-9}$$

其中，$[f] = [\Phi(\xi, -\Delta H_1)][\Phi(\xi, -\Delta H_2)]\cdots[\Phi(\xi, -\Delta H_n)]$

$[s] = [\Phi(\xi, -\Delta H_1)][\Phi(\xi, -\Delta H_2)]\cdots[\Phi(\xi, -\Delta H_{m1})]$

$$\{\bar{G}(\xi, z)\} = [a]\{\bar{G}(\xi, 0)\} \tag{2-10}$$

其中，$[a] = [\Phi(\xi, z - H_i)][\Phi(\xi, -\Delta H_{i+1})]\cdots[\Phi(\xi, -\Delta H_n)]$

由式(2-8)和式(2-10)通过合适的积分方法即可求得轴对称荷载作用下，弹性层状体系中任意点的内力和位移。

2.1.3　非轴对称荷载下层状弹性半空间的分析

1. 非轴对称荷载作用下单层地基的传递矩阵法

对于非对称荷载作用，首先对层状弹性半空间中的位移和应力分量进行如下变换：

$$u_v = \frac{1}{r}\left[\frac{\partial(ru)}{\partial r} + \frac{\partial v}{\partial \theta}\right] \tag{2-11a}$$

$$u_h = -\frac{1}{r}\left[\frac{\partial(rv)}{\partial r} - \frac{\partial u}{\partial \theta}\right] \tag{2-11b}$$

$$\tau_{vz} = \frac{1}{r}\left[\frac{\partial(r\tau_{zr})}{\partial r} + \frac{\partial \tau_{z\theta}}{\partial \theta}\right] \tag{2-11c}$$

$$\tau_{hz} = -\frac{1}{r}\left[\frac{\partial(r\tau_{z\theta})}{\partial r} - \frac{\partial \tau_{zr}}{\partial \theta}\right] \tag{2-11d}$$

然后对各位移和应力分量进行傅里叶展开，如下：

$$u_v = \sum_{k=0}^{\infty} u_{vk}(r, z)\cos k\theta \tag{2-12a}$$

$$u_h = \sum_{k=0}^{\infty} u_{hk}(r, z)\sin k\theta \tag{2-12b}$$

$$w = \sum_{k=0}^{\infty} w_k(r, z)\cos k\theta \qquad (2-12\mathrm{c})$$

$$\sigma_z = \sum_{k=0}^{\infty} \sigma_{zk}(r, z)\cos k\theta \qquad (2-12\mathrm{d})$$

$$\tau_{vz} = \sum_{k=0}^{\infty} \tau_{vzk}(r, z)\cos k\theta \qquad (2-12\mathrm{e})$$

$$\tau_{hz} = \sum_{k=0}^{\infty} \tau_{hzk}(r, z)\sin k\theta \qquad (2-12\mathrm{f})$$

其中，

$$u_{vk}(r, z) = -\int_0^{\infty} \xi\{[A-(1-\xi z)B]\mathrm{e}^{-\xi z} - [C+(1+\xi z)D] \cdot \mathrm{e}^{\xi z}\}J_k(\xi r)\mathrm{d}\xi$$

$$(2-13\mathrm{a})$$

$$u_{hk}(r, z) = -\int_0^{\infty} \xi\{2I\,\mathrm{e}^{-\xi z} + 2F\mathrm{e}^{\xi z}\}J_k(\xi r)\mathrm{d}\xi \qquad (2-13\mathrm{b})$$

$$\frac{\tau_{vzh}(r, z)}{2G} = \int_0^{\infty} \xi^2\{[A-(2v-\xi z)B]\mathrm{e}^{-\xi z} + [C+(2v+\xi z)D] \cdot \mathrm{e}^{\xi z}\}J_k(\xi r)\mathrm{d}\xi$$

$$(2-13\mathrm{c})$$

$$\frac{\tau_{hzk}(r, z)}{2G} = \int_0^{\infty} \xi^2\{I\,\mathrm{e}^{-\xi z} - F\mathrm{e}^{\xi z}\}J_k(\xi r)\mathrm{d}\xi \qquad (2-13\mathrm{d})$$

对 u_{vk}、σ_{zk}、w_k、u_{hk}、τ_{vzk}、τ_{hzk} 进行 k 阶 Hankel 变换，可得

$$\bar{u}_{vk}(\xi, z) = -\{[A-(1-\xi z)B]\mathrm{e}^{-\xi z} - [C+(1+\xi z)D]\mathrm{e}^{\xi z}\}$$

$$(2-14\mathrm{a})$$

$$\frac{\bar{\sigma}_{zk}(\xi, z)}{2G} = [A+(1-2v+\xi z)B]\mathrm{e}^{-\xi z} - [C-(1-2v-\xi z)D]\mathrm{e}^{\xi z}$$

$$(2-14\mathrm{b})$$

$$\bar{w}_k(\xi, z) = -\frac{1}{\xi}\{[A+(2-4v+\xi z)B]\mathrm{e}^{-\xi z} + [C-(2-4v-\xi z)D]\mathrm{e}^{\xi z}\}$$

$$(2-14\mathrm{c})$$

$$\frac{\bar{\tau}_{vzk}(\xi, z)}{2G} = \xi\{[A-(2v-\xi z)B]\mathrm{e}^{-\xi z} + [C+(2v+\xi z)D]\mathrm{e}^{\xi z}\}$$

$$(2-14\mathrm{d})$$

$$\bar{u}_{hk}(\xi,\ z) = -\{2E\,e^{-\xi z} + 2F\,e^{\xi z}\} \tag{2-14e}$$

$$\frac{\bar{\tau}_{hzk}(\xi,\ z)}{2G} = \xi\{E\,e^{-\xi z} - F\,e^{\xi z}\} \tag{2-14f}$$

同样,利用 $z=0$ 的边界条件可以获得系数 A、B、C、D、E 和 F,可以列出均质地基中非对称问题基本解的传递矩阵方程:

$$\{\bar{G}_L(\xi,\ z)\} = [\boldsymbol{\varPsi}(\xi,\ z)]\{\bar{G}_L(\xi,\ 0)\} \tag{2-15}$$

其中,$\{\bar{G}_L(\xi,\ z)\} = \{\bar{u}_{vk}(\xi,\ z)\quad \bar{\sigma}_{zk}(\xi,\ z)\quad \bar{w}_k(\xi,\ z)\quad \bar{\tau}_{vzk}(\xi,\ z)$

$\qquad\qquad\qquad \bar{u}_{hk}(\xi,\ z)\quad \bar{\tau}_{hzk}(\xi,\ z)\}^{\mathrm{T}}$

$\{\bar{G}_L(0,\ z)\} = \{\bar{u}_{vk}(0,\ z)\quad \bar{\sigma}_{zk}(0,\ z)\quad \bar{w}_k(0,\ z)\quad \bar{\tau}_{vzk}(0,\ z)$

$\qquad\qquad\qquad \bar{u}_{hk}(0,\ z)\quad \bar{\tau}_{hzk}(0,\ z)\}^{\mathrm{T}}$

$$[\boldsymbol{\varPsi}(\xi,\ z)] = \begin{bmatrix} \varPsi_{11} & \varPsi_{12} & \varPsi_{13} & \varPsi_{14} & \varPsi_{15} & \varPsi_{16} \\ \varPsi_{21} & \varPsi_{22} & \varPsi_{23} & \varPsi_{24} & \varPsi_{25} & \varPsi_{26} \\ \varPsi_{31} & \varPsi_{32} & \varPsi_{33} & \varPsi_{34} & \varPsi_{35} & \varPsi_{36} \\ \varPsi_{41} & \varPsi_{42} & \varPsi_{43} & \varPsi_{44} & \varPsi_{45} & \varPsi_{46} \\ \varPsi_{51} & \varPsi_{52} & \varPsi_{53} & \varPsi_{54} & \varPsi_{55} & \varPsi_{56} \\ \varPsi_{61} & \varPsi_{62} & \varPsi_{63} & \varPsi_{64} & \varPsi_{65} & \varPsi_{66} \end{bmatrix}$$

矩阵中各项如下:

$$\varPsi_{11} = \varPsi_{44} = \frac{1}{2(1-v)}\xi z \cdot \mathrm{sh}\xi z + \mathrm{ch}\xi z$$

$$\varPsi_{12} = \frac{1}{4G(1-v)}\xi z \cdot \mathrm{sh}\xi z$$

$$\varPsi_{13} = \frac{1}{2(1-v)}\left[(1-2v)\xi \cdot \mathrm{sh}\xi z + \xi^2 \cdot \mathrm{ch}\xi z\right]$$

$$\varPsi_{14} = \frac{1}{4G(1-v)}\frac{1}{\xi}\left[\xi z \cdot \mathrm{ch}\xi z + (3-4v)\mathrm{sh}\xi z\right]$$

$$\varPsi_{15} = \varPsi_{16} = \varPsi_{25} = \varPsi_{26} = \varPsi_{35} = \varPsi_{36} = \varPsi_{45} = \varPsi_{46} = 0$$

$$\varPsi_{21} = -\frac{G}{1-v}\xi z \cdot \mathrm{sh}\xi z$$

$$\Psi_{22} = \Psi_{33} = -\frac{1}{2(1-v)}\xi z \cdot \text{sh}\xi z + \text{ch}\xi z$$

$$\Psi_{23} = \frac{G\xi}{1-v}(-\xi z \cdot \text{ch}\xi z + \text{sh}\xi z)$$

$$\Psi_{24} = -\frac{1}{2(1-v)\xi}[(1-2v)\text{sh}\xi z + \xi z \cdot \text{ch}\xi z]$$

$$\Psi_{31} = \frac{1}{2(1-v)\xi}[(1-2v)\text{sh}\xi z - \xi z \cdot \text{ch}\xi z]$$

$$\Psi_{32} = \frac{1}{4G(1-v)\xi}[-\xi z \cdot \text{ch}\xi z + (3-4v)\text{sh}\xi z]$$

$$\Psi_{34} = -\frac{1}{4G(1-v)}z \cdot \text{sh}\xi z$$

$$\Psi_{41} = \frac{G}{1-v}\xi(\xi z \cdot \text{ch}\xi z + \text{sh}\xi z)$$

$$\Psi_{42} = \frac{1}{2(1-v)}\xi[\xi z \cdot \text{ch}\xi z - (1-2v)\text{sh}\xi z]$$

$$\Psi_{43} = \frac{G}{1-v}\xi^3 z \cdot \text{sh}\xi z$$

$$\Psi_{51} = \Psi_{52} = \Psi_{53} = \Psi_{54} = \Psi_{61} = \Psi_{62} = \Psi_{63} = \Psi_{64} = 0$$

$$\Psi_{55} = \Psi_{66} = \text{ch}\xi z$$

$$\Psi_{56} = \frac{\text{sh}\xi z}{G\xi}$$

$$\Psi_{65} = G\xi \cdot \text{sh}\xi z$$

2. 非轴对称荷载作用下多层地基解析解

在弹性层状半空间内部作用一个非对称荷载如图 2-4 所示。荷载沿 r、θ 和 z 方向的分量可以表示为,$p(H_{m1}, r, \theta)$、$t(H_{m1}, r, \theta)$ 和 $q(H_{m1}, r, \theta)$。对荷载项傅里叶展开可以表示如下:

$$p(H_{m1}, r, \theta) = \sum_{k=0}^{\infty} p_k(H_{m1}, r)\cos k\theta \qquad (2-16a)$$

$$q(H_{m1}, r, \theta) = \sum_{k=0}^{\infty} q_k(H_{m1}, r)\cos k\theta \qquad (2-16b)$$

$$t(H_{m1}, r, \theta) = \sum_{k=0}^{\infty} t_k(H_{m1}, r)\sin k\theta \qquad (2-16c)$$

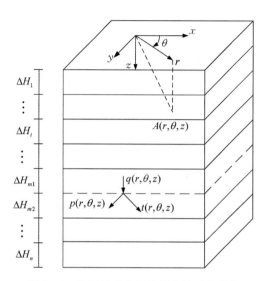

图 2‑4　多层地基内部作用非轴对称荷载

在地基表面处，即 $z = 0$ 处，自由边界情况：

$$\sigma_{zk} = \tau_{vzk} = \tau_{hzk} = 0$$

在地基底面处，即 $z = H_n$ 处，固定边界情况：

$$u_{vk} = u_{hk} = w_k = 0$$

根据层间连续条件，运用传递矩阵法，写出每层地基的传递方程：

$$\{\overline{G}_L(\xi, H_1^-)\} = [\boldsymbol{\Psi}(\xi, \Delta H_1)]\{\overline{G}_L(\xi, 0)\}$$

$$\{\overline{G}_L(\xi, H_2^-)\} = [\boldsymbol{\Psi}(\xi, \Delta H_2)]\{\overline{G}_L(\xi, H_1^+)\}$$

$$\vdots$$

$$\{\overline{G}_L(\xi, H_{m1}^-)\} = [\boldsymbol{\Psi}(\xi, \Delta H_{m1})]\{\overline{G}_L(\xi, H_{m-1}^+)\}$$

$$\{\overline{G}_L(\xi, H_m^-)\} = [\boldsymbol{\Psi}(\xi, \Delta H_{m2})]\{\overline{G}_L(\xi, H_{m1}^+)\}$$

$$\vdots$$

$$\{\overline{G}_L(\xi, H_n^-)\} = [\boldsymbol{\Psi}(\xi, \Delta H_n)]\{\overline{G}_L(\xi, H_{n-1}^-)\}$$

式中，$\Delta H_{m1} = H_{m1} - H_{m-1}$，$\Delta H_{m2} = H_m - H_{m1}$，$H_{m1}$ 是荷载作用面到地表的距离。

对层间结合条件，进行 k 阶 Hankel 变换可得到：

$$\{\bar{G}_L(\xi, H_1^+)\} = \{\bar{G}_L(\xi, H_1^-)\}$$

$$\{\bar{G}_L(\xi, H_2^+)\} = \{\bar{G}_L(\xi, H_2^-)\}$$

$$\cdots$$

$$\{\bar{G}_L(\xi, H_{m1}^+)\} = \{\bar{G}_L(\xi, H_{m1}^-)\} -$$
$$\begin{bmatrix} 0 & \bar{p}_k(\xi, H_{m1}) & 0 & \bar{M}_k(\xi, H_{m1}) & 0 & \bar{N}_k(\xi, H_{m1}) \end{bmatrix}^{\mathrm{T}}$$

$$\cdots$$

$$\{\bar{G}_L(\xi, H_{n-1}^+)\} = \{\bar{G}_L(\xi, H_{n-1}^-)\}$$

因此，按照层间结合条件，逐层递推，可得

$$\{\bar{G}_L(\xi, H_n^-)\} = [f]\{\bar{G}_L(\xi, 0)\} - [s]\{p_L\} \qquad (2-17)$$

其中，$[f] = [\Psi(\xi, \Delta H_n)][\Psi(\xi, \Delta H_{n-1})]\cdots[\Psi(\xi, \Delta H_1)]$

$$[s] = [\Psi(\xi, \Delta H_n)][\Psi(\xi, \Delta H_{n-1})]\cdots[\Psi(\xi, \Delta H_{m2})]$$

$$\{p_L\} = \{0 \quad \bar{p}_k(\xi, H_{m1}) \quad 0 \quad \bar{M}_k(\xi, H_{m1}) \quad 0 \quad \bar{N}_k(\xi, H_{m1})\}^{\mathrm{T}}$$

$$\bar{p}_k(\xi, H_{m1}) = \int_0^\infty p_k(r, H_{m1}) r J_k(\xi r)\mathrm{d}r$$

$$\bar{M}_k(\xi, H_{m1}) = \int_0^\infty \left[\frac{q_k(H_{m1}, r)}{r} + \frac{\partial q_k(H_{m1}, r)}{\partial r} + \frac{k t_k(H_{m1}, r)}{r}\right] r J_k(\xi r)\mathrm{d}r$$

$$\bar{N}_k(\xi, H_{m1}) = \int_0^\infty \left[-\frac{t_k(H_{m1}, r)}{r} - \frac{\partial t_k(H_{m1}, r)}{\partial r} - \frac{k q_k(H_{m1}, r)}{r}\right] r J_k(\xi r)\mathrm{d}r$$

对荷载作用面以上的点：

$$\{\bar{G}_L(\xi, z)\} = [a]\{\bar{G}_L(\xi, 0)\} \qquad (2-18)$$

其中，$[a] = [\Psi(\xi, z - H_{i-1})][\Psi(\xi, \Delta H_{i-1})]\cdots[\Psi(\xi, \Delta H_1)]$

对于荷载作用面以下的点：按照相同的思路，可以建立与式（2-17）、式（2-18）相似的式子如下：

$$\{\bar{G}_L(\xi, 0)\} = [f]\{\bar{G}_L(\xi, H_n^-)\} - [s]\{p_L\} \qquad (2-19)$$

其中，$[f] = [\Psi(\xi, -\Delta H_1)][\Psi(\xi, -\Delta H_2)]\cdots[\Psi(\xi, -\Delta H_n)]$

$$[s] = [\Psi(\xi, -\Delta H_1)][\Psi(\xi, -\Delta H_2)]\cdots[\Psi(\xi, -\Delta H_{m1})]$$

$$\{\overline{G}_L(\xi, z)\} = [a]\{\overline{G}_L(\xi, 0)\} \qquad (2-20)$$

其中，$[a] = [\Psi(\xi, z - H_i)][\Psi(\xi, -\Delta H_{i+1})]\cdots[\Psi(\xi, -\Delta H_n)]$

由式(2-18)和式(2-20)通过 k 阶 Hankel 反变换和合适的积分方法即可求得轴对称荷载作用下式(2-15)中六个等效位移分量值。

由式(2-11)可得

$$u_{vk} = \frac{1}{r}\left[\frac{\partial(ru_k)}{\partial r} + kv_k\right] \qquad (2-21a)$$

$$u_{vk} = -\frac{1}{r}\left[\frac{\partial(rv_k)}{\partial r} + ku_k\right] \qquad (2-21b)$$

$$\tau_{vzk} = \frac{1}{r}\left[\frac{\partial(r\tau_{rzk})}{\partial r} + k\tau_{z\theta k}\right] \qquad (2-21c)$$

$$\tau_{hzk} = -\frac{1}{r}\left[\frac{\partial(r\tau_{z\theta k})}{\partial r} + k\tau_{zrk}\right] \qquad (2-21d)$$

对式(2-21)进行变换，可以得到

$$u_{vk} + u_{hk} = \frac{\partial(u_k - v_k)}{\partial r} - \frac{(k-1)(u_k - v_k)}{r} \qquad (2-22a)$$

$$u_{vk} - u_{hk} = \frac{\partial(u_k + v_k)}{\partial r} + \frac{(k+1)(u_k + v_k)}{r} \qquad (2-22b)$$

$$\tau_{vzk} + \tau_{hzk} = \frac{\partial(\tau_{rzk} - \tau_{\theta zk})}{\partial r} - \frac{(k-1)(\tau_{rzk} - \tau_{\theta zk})}{r} \qquad (2-22c)$$

$$\tau_{vzk} - \tau_{hzk} = \frac{\partial(\tau_{rzk} + \tau_{\theta zk})}{\partial r} + \frac{(k+1)(\tau_{rzk} + \tau_{\theta zk})}{r} \qquad (2-22d)$$

对式(2-22)进行 k 阶 Hankel 变换，可得

$$\overline{u}_{vk} + \overline{u}_{hk} = -\xi(\overline{u}_{k-1} - \overline{v}_{k-1}) \qquad (2-23a)$$

$$\overline{u}_{vk} - \overline{u}_{hk} = \xi(\overline{u}_{k+1} + \overline{v}_{k+1}) \qquad (2-23b)$$

$$\overline{\tau}_{vzk} + \overline{\tau}_{hzk} = -\xi(\overline{\tau}_{rz(k-1)} - \overline{\tau}_{\theta z(k-1)}) \qquad (2-23c)$$

$$\overline{\tau}_{vzk} - \overline{\tau}_{hzk} = \xi(\overline{\tau}_{rz(k+1)} + \overline{\tau}_{\theta z(k+1)}) \qquad (2-23d)$$

进行 $k-1$ 阶和 $k+1$ 阶 Hankel 反变换,则可以得到

$$u_k - v_k = -\int_0^\infty (\bar{u}_{vk} + \bar{u}_{hk}) J_{k-1}(\xi r) \mathrm{d}\xi \qquad (2-24\mathrm{a})$$

$$u_k + v_k = \int_0^\infty (\bar{u}_{vk} - \bar{u}_{hk}) J_{k+1}(\xi r) \mathrm{d}\xi \qquad (2-24\mathrm{b})$$

$$\tau_{rzk} - \tau_{\theta zk} = -\int_0^\infty (\bar{\tau}_{vzk} + \bar{\tau}_{hzk}) J_{k-1}(\xi r) \mathrm{d}\xi \qquad (2-24\mathrm{c})$$

$$\tau_{rzk} + \tau_{\theta zk} = \int_0^\infty (\bar{\tau}_{vzk} - \bar{\tau}_{hzk}) J_{k+1}(\xi r) \mathrm{d}\xi \qquad (2-24\mathrm{d})$$

通过坐标变换,可以得到层状弹性半空间中作用非对称荷载时任意点的位移和应力。

2.1.4 数值积分方法

层状体系中,轴对称和非轴对称问题基本解计算式中的积分,都是贝塞尔函数与域内的指数函数乘积的无穷积分问题。其计算方法一般采用 Gauss 近似积分法,分段累加进行求解。因为是无穷积分,因此需要合理地确定积分的上限,在不增加计算量的情况下保证计算精度;因为包含贝塞尔函数和贝塞尔函数的乘积,因此需要对积分区间的划分进行合理考虑;此外,公式中还包括指数的乘积项,当 ξ 增大时,这些项可能会溢出,因此需要对指数函数的乘积项进行处理。以下分别给予阐述。

1. 含 Bessel 乘积项的处理与积分区间的确定

零阶和一阶 Bessel 函数是无穷交错级数,Gauss 积分点或为正,或为负,因此,计算时,必须选择 Bessel 函数的零点为分隔点,对于乘积项的积分区间,需要选择乘积项的零点,如图 2-5 所示。先在每个分段上积分,再叠加,有

$$\int_0^\infty J(x)\mathrm{d}x = \int_0^1 \cdots \mathrm{d}x + \int_1^2 \cdots \mathrm{d}x + \cdots = \sum_{k=1}^N F_k \qquad (2-25)$$

Bessel 函数的零点坐标可由查表确定。积分区间段数 N 的选取与要求的计算精度有关。如果规定的积分精度为 $[\varepsilon]$,则 N 可由下式确定:

$$\varepsilon = F_{N+1} \Big/ \sum_{k=1}^N F_N \leqslant [\varepsilon] \qquad (2-26)$$

金波(1994)建议取 10 个积分区间,而陆建飞(2001)则认为取 20 个积分区间才

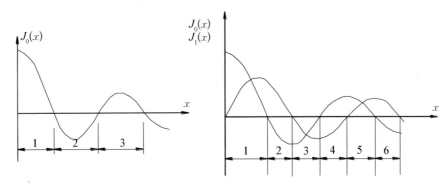

图 2-5　Bessel 函数的零点积分分隔

能达到比较精确的结果。本书计算时,采用 20 个积分区间。此外,当计算点和力的作用点比较近时,积分收敛速度比较慢,陆建飞(2000)、梁发云(2004)采用了欧拉变换来加速收敛。其基本思路为:假定 Bessel 函数 $J_n(\xi r)$ 的零点为 η_0,η_1,η_2,$\cdots$,η_m,$\cdots$,则相应的积分可写为

$$f(r) = \int_0^{\eta_0/r} \mathrm{d}\xi + \int_{\eta_0/r}^{\eta_1/r} \mathrm{d}\xi + \cdots + \int_{\eta_m}^{\eta_m/r} \mathrm{d}\xi + \cdots \qquad (2-27)$$

上式可以表示为

$$f(r) = u_0 - u_1 + u_2 - \cdots + (-1)^i u_i \cdots \qquad (2-28)$$

式中,$u_i = \left| \int_{\eta_{i-1}/r}^{\eta_{1i}/r} \mathrm{d}\xi \right|$。

从第 m 项开始做欧拉变换,则上式可表达为

$$f(r) = \sum_{i=0}^{m-1} u_i + (-1)^m \left[\frac{1}{2} u_m - \frac{1}{4} \Delta u_m + \frac{1}{8} \Delta^2 u_m - \cdots \right] \qquad (2-29)$$

上式中,$\Delta u_m = u_{m+1} - u_m$,$\Delta^2 u_m = u_{m+2} - 2u_{m+1} + u_m$,在实际程序编制中,取 $m = 10$。

2. 含指数函数乘积项的处理

在矩阵 $[f]$、$[a]$、$[s]$ 等都含有 $e^{\xi \Delta H_i}$ 的乘积项,为了防止指数项增大引起溢出,必须对这部分被积函数进行处理。处理的方法是在被积函数的分子分母同时除以 $e^{2\xi \Delta H_n}$,以多层地基内部作用一竖向集中力时的竖向位移 w 为例,根据式(2-8)

$$w(r, z) = \int_0^\infty \xi \left(a_{21} \frac{s_{14} \cdot f_{22} - s_{24} \cdot f_{12}}{f_{11} \cdot f_{22} - f_{12} \cdot f_{21}} + a_{22} \frac{s_{24} \cdot f_{11} - s_{14} \cdot f_{21}}{f_{11} \cdot f_{22} - f_{12} \cdot f_{21}} \right)$$

$$\cdot J_0(\xi r) \cdot \frac{P}{2\pi} \cdot \mathrm{d}\xi \tag{2-30}$$

上式经过处理后,成为

$$w(r,\,z) = \int_0^\infty \xi \Big(a'_{21} \frac{s'_{14} \cdot f'_{22} - s'_{24} \cdot f'_{12}}{f'_{11} \cdot f'_{22} - f'_{12} \cdot f'_{21}} + a'_{22} \frac{s'_{24} \cdot f'_{11} - s'_{14} \cdot f'_{21}}{f'_{11} \cdot f'_{22} - f'_{12} \cdot f'_{21}} \Big)$$

$$\cdot e^{-\xi(H_{m1}-z)} \cdot J_0(\xi r) \cdot \frac{P}{2\pi} \cdot \mathrm{d}\xi \tag{2-31}$$

其中,

$$[f'] = \frac{[\Phi(\xi,\,\Delta H_n)]}{e^{\xi \cdot \Delta H_n}} \frac{[\Phi(\xi,\,\Delta H_{n-1})]}{e^{\xi \cdot \Delta H_{n-1}}} \cdots \frac{[\Phi(\xi,\,\Delta H_1)]}{e^{\xi \cdot \Delta H_1}}$$

$$[s'] = \frac{[\Phi(\xi,\,\Delta H_n)]}{e^{\xi \cdot \Delta H_n}} \frac{[\Phi(\xi,\,\Delta H_{n-1})]}{e^{\xi \Delta H_{n-1}}} \cdots \frac{[\Phi(\xi,\,\Delta H_{m2})]}{e^{\xi \Delta H_{m2}}}$$

$$[a'] = \frac{[\Phi(\xi,\,z-H_{i-1})]}{e^{\xi(z-H_{i-1})}} \frac{[\Phi(\xi,\,\Delta H_{i-1})]}{e^{\xi \Delta H_{i-1}}} \cdots \frac{[\Phi(\xi,\,\Delta H_1)]}{e^{\xi \Delta H_1}}$$

经过上述处理后,f'_{ij}、a'_{ij}、s'_{ij} 等函数均不含指数大于零的项,而且当计算点和荷载作用点不在同一深度时,还存在收敛因子 $e^{-\xi(H_{m1}-z)}$,所以,计算机实现时,具有较高的计算精度。其他公式亦可按照相同的方式进行处理。

2.1.5　基本解和程序的验证

按照上述理论和方法,本书在 Visual Fortran 中编制了计算程序,进行数值计算。并将该方法退化为均质地基解,计算了下述例子,验证方法和程序的正确性。

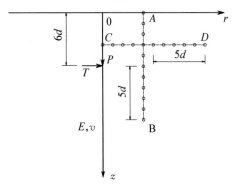

图 2-6　弹性半空间作用集中力

如图 2-6 所示的弹性半空间中深度 $6d$ 处作用集中竖向荷载 P 或者水平荷载 T,分别用本书方法和 Mindlin 公式计算 $A-B$、$C-D$ 之间间隔为 d 的位置处对应的竖向和水平向位移,如图 2-7 所示。

从上述位移结果可知,本书程序计算结果和 Mindlin 解的位移非常一致,说明推导公式以及本书程序的正确性。

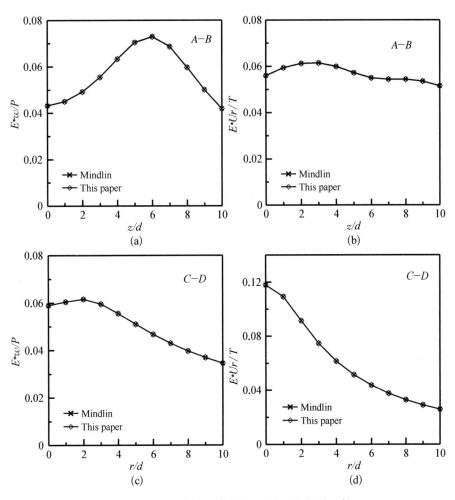

图 2‑7 本书方法计算结果与 Mindlin 解的比较

2.2 分层地基中桩筏基础的计算方法

基于层状地基中对称和非对称问题的基本解,本节将先分别建立层状地基中竖向和水平向单桩的差分计算方法,然后考虑群桩效应和筏板对桩基的约束以及筏板上作用不同向荷载的耦合作用建立层状地基中复杂荷载作用下桩筏基础的计算方法。

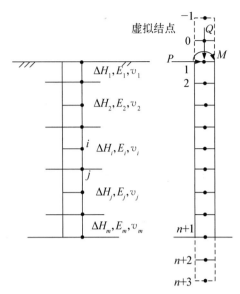

图 2-8　单桩计算示意图

2.2.1　分层地基中单桩计算方法

如图 2-8 所示，在 m 层的地基中，单桩桩长为 L，直径为 d，桩顶作用竖向力 Q、水平力 P 和弯矩 M。以下将分别列出竖向和水平向单桩的计算方法。

1. 竖向单桩计算方法

将桩分为 n 段，每段长为 $\delta = L/n$，以桩周侧摩阻力为未知量，分别建立桩身和土体平衡方程。

A. 桩身平衡方程

单桩桩身的分析采用等间距的差分格式，建立桩身平衡方程。

桩身的位移控制方程：

$$\tau(z) = \frac{A \cdot E_p}{U} \cdot \frac{\partial^2 w(z)}{\partial z^2} = \frac{d \cdot E_p}{4} \frac{\partial^2 w(z)}{\partial z^2} \tag{2-32}$$

式中，w 为桩身结点的竖向位移；E_p 为桩的弹性模量；A 为桩身截面积；U 为桩身周长；d 为桩直径。

从桩顶起，对于第 2 个至第 n 个单元，可以写出

$$\tau_i = \frac{d \cdot E_p}{4} \left(\frac{w_{i-1} - 2 \cdot w_i + w_{i+1}}{\delta^2} \right) \quad (i = 2, 3, \cdots, n) \tag{2-33}$$

对于第一个单元，引入虚拟节点 0，利用桩顶处应变的边界条件：$\dfrac{\partial w}{\partial z} = -\dfrac{4 \cdot Q}{\pi \cdot d^2 \cdot E_p}$，可将 w_0 的表达式写为

$$w_0 = \frac{8Q \cdot \delta}{\pi \cdot d^2 \cdot E_p} + w_2$$

因此可将第一个结点的差分格式写为

$$\tau_1 = \frac{d \cdot E_p}{4\delta^2}(-2w_1 + 2w_2) + \frac{2Q}{\pi \cdot d \cdot \delta} \tag{2-34}$$

同理,利用虚拟结点 $n+2$ 和桩底的边界条件,可以得到桩底结点的差分格式,可以写为

$$p_b = \frac{E_p}{4\delta^2}\left(\frac{4\delta}{d}\cdot w_n - \frac{4\delta}{d}\cdot w_b\right) \qquad (2-35)$$

于是,整根桩的位移方程为

$$\{p\} = \frac{d\cdot E_p}{4\cdot\delta^2}[I_p]\cdot\{w\} + \{Y\} \qquad (2-36)$$

式中:

$\{p\}$ 为各结点处的桩侧摩阻力和端阻力, $\{p\}=\{p_1 \quad p_2 \quad \cdots \quad p_n \quad p_b\}$;

$\{w\}$ 为各结点处的竖向位移, $\{w\}=\{w_1, w_2, \cdots, w_n, w_b\}^{\mathrm{T}}$;

$\{Y\}$ 为各结点处的竖向荷载, $\{Y\}=\left\{\dfrac{2Q}{\pi d\delta} \quad 0 \quad \cdots \quad 0 \quad 0\right\}^{\mathrm{T}}$;

$$[I_p] = \begin{bmatrix} -2 & 2 & & & & & \\ 1 & -2 & 1 & & & & \\ & 1 & -2 & 1 & & & \\ & & \ddots & \ddots & \ddots & & \\ & & & 1 & -2 & 1 & \\ & & & & 1 & -2 & 1 \\ & & & & & \frac{4\delta}{d} & -\frac{4\delta}{d} \end{bmatrix}_{(n+1)\times(n+1)}$$

B. 土体平衡方程

如图 2-8 所示,根据 n 个单元,建立土体的位移方程:

$$\{w_p\} = \frac{d}{E_s}[I_s]\{p\} \qquad (2-37)$$

式中, E_s 为土体弹性模量; $[I_s]$ 为土体竖向位移柔度矩阵; I_{sij} 为 $[I_s]$ 中第 i 行第 j 列元素,即当 z 为 i 点的埋深, h_{m1} 为 j 点埋深时,则 j 点作用单位荷载在 i 点引起的竖向位移。层状地基中, I_{sij} 可以通过式(2-38)和式(2-39)求解:

当 $z(i) < z(j)$ 时:

$$I_{sij} = \int_0^\infty \xi\left(a_{21}\frac{s_{14}\cdot f_{22}-s_{24}\cdot f_{12}}{f_{11}\cdot f_{22}-f_{12}\cdot f_{21}} + a_{22}\frac{s_{24}\cdot f_{11}-s_{14}\cdot f_{21}}{f_{11}\cdot f_{22}-f_{12}\cdot f_{21}}\right)$$

$$\cdot J_0\left(\xi \cdot \frac{d}{2}\right) \cdot p(\xi) \cdot \mathrm{d}\xi \qquad (2-38)$$

式中：

$$[f] = [\Phi(\xi, \Delta h_m)][\Phi(\xi, \Delta h_{m-1})]\cdots[\Phi(\xi, \Delta h_1)]$$

$$[s] = [\Phi(\xi, \Delta h_m)][\Phi(\xi, \Delta h_{m-1})]\cdots[\Phi(\xi, h_j - z(j))]$$

$$[a] = [\Phi(\xi, z(i) - H_{i-1})][\Phi(\xi, \Delta H_{i-1})]\cdots[\Phi(\xi, \Delta H_1)]$$

其他量意义参见第一节。

当 $z(i) \geqslant z(j)$ 时：

$$I_{sij} = \int_0^\infty \xi\left(a_{23}\frac{s_{34} \cdot f_{44} - s_{44} \cdot f_{34}}{f_{33} \cdot f_{44} - f_{43} \cdot f_{34}} + a_{24}\frac{s_{44} \cdot f_{33} - s_{34} \cdot f_{43}}{f_{33} \cdot f_{44} - f_{43} \cdot f_{34}}\right)$$

$$\cdot J_0\left(\xi \cdot \frac{d}{2}\right) \cdot p(\xi) \cdot \mathrm{d}\xi \qquad (2-39)$$

式中：

$$[f] = [\Phi(\xi, -\Delta h_1)][\Phi(\xi, -\Delta h_2)]\cdots[\Phi(\xi, -\Delta h_m)]$$

$$[s] = [\Phi(\xi, -\Delta h_1)][\Phi(\xi, -\Delta h_2)]\cdots[\Phi(\xi, h_{j-1} - z(j))]$$

$$[a] = [\Phi(\xi, z(i) - h_i)][\Phi(\xi, -\Delta h_{i+1})]\cdots[\Phi(\xi, -\Delta h_m)]$$

其他量意义参见第一节。

经组装可得

$$[I_s] = \begin{bmatrix} I_{s11} & I_{s12} & \cdots & I_{s1n} & I_{s1b} \\ I_{s21} & I_{s22} & \cdots & I_{s2n} & I_{s2b} \\ \cdots & \cdots & \cdots & \cdots & \cdots \\ I_{sn1} & I_{sn2} & \cdots & I_{snn} & I_{snb} \\ I_{sb1} & I_{sb2} & \cdots & I_{sbn} & I_{sbb} \end{bmatrix}$$

C. 整体平衡方程

最后，将式(2-36)和式(2-37)联立，可以得到单桩的整体差分方程：

$$\left([I] - \frac{d^2 E_p}{4E_s\delta^2}[I_p][I_s]\right)\{p\} = \{Y\} \qquad (2-40)$$

式中，$[I]$ 为单位矩阵。

通过式(2-40)求出桩周阻力$\{p\}$之后,可以求出桩身位移$\{w_p\}$及桩身附加轴力。

2. 水平向单桩计算方法

如图 2-8 所示,同样把桩分成 n 个单元,$\delta = L/n$。以桩侧阻力为未知量,分别取桩周土和单桩建立节点的位移方程,根据桩土之间的位移相容条件,建立平衡方程,解得桩身各节点处的阻力,然后可求出各节点处的位移。

A. 桩身平衡方程

单桩桩身的分析采用等间距的差分格式,建立桩身平衡方程。

桩身的位移控制方程:

$$-q(z) = E_p I_p \frac{\partial^4 u(z)}{\partial z^4} \tag{2-41}$$

式中,u 为桩身结点的竖向位移,q 为桩侧阻力,I_p 为桩截面惯性矩。

从桩顶起,对于第 2 个至第 n 个单元,可以写出:

$$-q_i = E_p I_p \left(\frac{u_{i-2} - 4u_{i-1} + 6u_i - 4 \cdot u_{i+1} + u_{i+2}}{\delta^4} \right) \quad (i = 2, 3, \cdots, n) \tag{2-42}$$

对于第一个单元,引入虚拟节点 0 和 -1,利用桩顶处应变的边界条件:
$\dfrac{\partial^2 u}{\partial z^2} = \dfrac{M}{E_p I_p}$ 和 $\dfrac{\partial^3 u}{\partial z^3} = \dfrac{T}{E_p I_p}$,可将 u_0 和 u_{-1} 的表达式写为

$$u_0 = \frac{M \cdot \delta^2}{E_p I_p} + 2u_1 - u_2, \quad u_{-1} = \frac{2M \cdot \delta^2}{E_p I_p} - \frac{T \cdot \delta^3}{E_p I_p} + 3u_1 - 2u_2$$

因此可将第一个结点和第二个结点的差分格式写为

$$\frac{E_p I_p}{\delta^4}(2u_3 - 4u_2 + 2u_1) = -q_1 + \frac{2M + 2T\delta}{\delta^2} \tag{2-43}$$

$$\frac{E_p I_p}{\delta^4}(u_4 - 4u_3 + 5u_2 - 2u_1) = -q_2 - \frac{M}{\delta^2} \tag{2-44}$$

同理,利用虚拟结点 $n+2$ 和 $n+3$ 以及桩底的边界条件,可以得到结点 n 和 $n+1$ 的差分格式,可以写为

$$-q_n = \frac{E_p I_p}{\delta^4}(u_{n-2} - 4u_{n-1} + 5u_n - 2u_{n+1}) \tag{2-45}$$

$$-q_{n+1} = \frac{E_p I_p}{\delta^4}(2u_{n-1} - 4u_n + 2u_{n+1}) \tag{2-46}$$

于是，整根桩的位移方程为

$$\{q\} + \frac{E_p I_p}{\delta^4}[I_{pL}] \cdot \{u_p\} = \{Y_L\} \tag{2-47}$$

式中：

$\{q\}$ 为各结点处的水平向阻力，$\{q\} = \{q_1 \quad q_2 \quad \cdots \quad q_{n+1}\}^{\mathrm{T}}$

$\{u\}$ 为各结点处的水平位移，$\{u_p\} = \{u_1 \quad u_2 \quad \cdots \quad u_{n+1}\}^{\mathrm{T}}$

$\{Y_L\}$ 为各结点处的水平荷载，$\{Y_L\} = \left\{ \dfrac{2\delta^3 T + 2\delta^2 M}{E_p I_p} \quad -\dfrac{\delta^2 M}{E_p I_p} \quad 0 \quad \cdots \quad 0 \right\}^{\mathrm{T}}$

$$[I_{pL}] = \begin{bmatrix} 2 & -4 & 2 & & & & \\ -2 & 5 & -4 & 1 & & & \\ 1 & -4 & 6 & -4 & 1 & & \\ & \ddots & \ddots & \ddots & \ddots & \ddots & \\ & & 1 & -4 & 6 & -4 & 1 \\ & & & 1 & -4 & 5 & -2 \\ & & & & 2 & -4 & 2 \end{bmatrix}_{(n+1)\times(n+1)}$$

B. 土体平衡方程

根据差分方法，土体的位移方程可表示为

$$\{u_p\} = [I_{sL}]\{q\} \tag{2-48}$$

式中，$[I_{sL}]$ 为土体竖向位移柔度矩阵；I_{sLij} 为 $[I_{sL}]$ 中第 i 行第 j 列元素，即当 z 为 i 点的埋深，h_{ml} 为 j 点埋深时，则 j 点作用单位荷载在 i 点引起的水平位移，层状地基中，I_{sLij} 可以通过式(2-49)求解：

$$I_{sLij} = \frac{1}{2}\int_0^\infty \left[(\bar{u}_{vk} - \bar{u}_{hk})J_2\left(\xi \cdot \frac{d}{2}\right) - (\bar{u}_{vk} + \bar{u}_{hk})J_0\left(\xi \cdot \frac{d}{2}\right) \right]\mathrm{d}\xi\cos^2\theta$$

$$- \frac{1}{2}\int_0^\infty \left[(\bar{u}_{vk} - \bar{u}_{hk})J_2\left(\xi \cdot \frac{d}{2}\right) + (\bar{u}_{vk} + \bar{u}_{hk})J_0\left(\xi \cdot \frac{d}{2}\right) \right]\mathrm{d}\xi\sin^2\theta$$

$$\tag{2-49}$$

θ 为 i 点和 j 点的连线和 x 轴的夹角。

当 $z(i) < z(j)$ 时：

$$\bar{u}_{vk} = a_{11} \frac{f_{33}s_{14} - f_{13}s_{34}}{f_{11}f_{33} - f_{13}f_{31}} + a_{13} \frac{f_{11}s_{34} - f_{31}s_{14}}{f_{11}f_{33} - f_{13}f_{31}} \qquad (2-50)$$

$$\bar{u}_{hk} = a_{55} \frac{s_{56}}{f_{55}} \qquad (2-51)$$

式中：

$$[f] = [\Psi(\xi, \Delta h_m)][\Psi(\xi, \Delta h_{m-1})]\cdots[\Psi(\xi, \Delta h_1)]$$

$$[s] = [\Psi(\xi, \Delta h_m)][\Psi(\xi, \Delta h_{m-1})]\cdots[\Psi(\xi, h_j - z(j))]$$

$$[a] = [\Psi(\xi, z(i) - H_{i-1})][\Psi(\xi, \Delta H_{i-1})]\cdots[\Psi(\xi, \Delta H_1)]$$

其他量意义参见第 2.1 节。

当 $z(i) \geqslant z(j)$ 时：

$$\bar{u}_{vk} = a_{12} \frac{f_{44}s_{24} - f_{24}s_{44}}{f_{22}f_{44} - f_{24}f_{42}} + a_{14} \frac{f_{22}s_{44} - f_{42}s_{24}}{f_{22}f_{44} - f_{24}f_{42}} \qquad (2-52)$$

$$\bar{u}_{hk} = a_{56} \frac{s_{66}}{f_{66}} \qquad (2-53)$$

式中：

$$[f] = [\Psi(\xi, -\Delta h_1)][\Psi(\xi, -\Delta h_2)]\cdots[\Psi(\xi, -\Delta h_m)]$$

$$[s] = [\Psi(\xi, -\Delta h_1)][\Psi(\xi, -\Delta h_2)]\cdots[\Psi(\xi, h_{j-1} - z(j))]$$

$$[a] = [\Psi(\xi, z(i) - h_i)][\Psi(\xi, -\Delta h_{i+1})]\cdots[\Psi(\xi, -\Delta h_m)]$$

其他量意义参见第 2.1 节。

经组装，可得

$$[I_{sL}] = \begin{bmatrix} I_{sL11} & \cdots & I_{sL1i} & \cdots & I_{sL1(n+1)} \\ \vdots & \vdots & \vdots & \vdots & \vdots \\ I_{sLi1} & \cdots & I_{sLii} & \cdots & I_{sLi(n+1)} \\ \vdots & \vdots & \vdots & \vdots & \vdots \\ I_{sL(n+1)1} & \cdots & I_{sL(n+1)i} & \cdots & I_{sL(n+1)(n+1)} \end{bmatrix}$$

C. 整体平衡方程

最后，将式(4-30)和式(4-31)联立，可以得到单桩的整体差分方程：

$$\left(\left[I\right]+\dfrac{E_p I_p}{\delta^4}\left[I_{pL}\right]\left[I_{sL}\right]\right)\{q\}=\{Y_L\} \qquad (2-54)$$

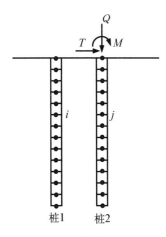

图 2-9 桩桩相互作用计算示意图

式中,$\left[\,I\,\right]$为单位矩阵。

通过式(2-54)求出桩周水平阻力$\{q\}$之后,可以求出桩身水平位移$\{u_p\}$及桩身转角和附加弯矩。

2.2.2 分层地基中群桩计算方法

桩桩相互作用是群桩分析的基础,Won 和 Poulos(2005)定义了桩的竖向相互作用系数,因为其适用于非等长桩而得到普遍利用,本书考虑桩顶作用竖向力、水平力和弯矩,因此,参照 Wong 和 Poulos(2005)定义如下五种桩桩相互作用:

$$\alpha_{wq}^{ij}=\dfrac{j\,\text{桩桩顶单位力引起的}\,i\,\text{桩桩顶附加沉降量}}{\text{单桩时}\,j\,\text{桩桩顶单位力引起的}\,j\,\text{桩桩顶沉降量}} \qquad (2-55a)$$

$$\alpha_{uT}^{ij}=\dfrac{\text{第}\,j\,\text{根桩桩顶作用单位水平力在第}\,i\,\text{根桩桩顶产生的水平位移}}{\text{单桩时第}\,i\,\text{根桩上的单位水平力对第}\,i\,\text{根桩顶产生的水平位移}}$$
$$(2-55b)$$

$$\alpha_{uM}^{ij}=\dfrac{\text{第}\,j\,\text{根桩桩顶作用单位弯矩在第}\,i\,\text{根桩桩顶产生的水平位移}}{\text{单桩时第}\,i\,\text{根桩上的单位弯矩对第}\,i\,\text{根桩顶产生的水平位移}}$$
$$(2-55c)$$

$$\alpha_{\theta T}^{ij}=\dfrac{\text{第}\,j\,\text{根桩桩顶作用单位水平力在第}\,i\,\text{根桩桩顶产生的转角}}{\text{单桩时第}\,i\,\text{根桩上的单位水平力对第}\,i\,\text{根桩顶产生的转角}}$$
$$(2-55d)$$

$$\alpha_{\theta M}^{ij}=\dfrac{\text{第}\,j\,\text{根桩桩顶作用单位弯矩在第}\,i\,\text{根桩桩顶产生的转角}}{\text{单桩时第}\,i\,\text{根桩上的单位弯矩对第}\,i\,\text{根桩顶产生的转角}}$$
$$(2-55e)$$

同时,Loganathan 等(2001)通过研究指出,群桩还具有加筋效应,即邻桩的存在会减少当前桩因荷载引起的位移,因此,本书在考虑桩桩相互作用的同时,也考虑了桩桩加筋效应,参照桩桩相互作用,本书定义了如下五种桩桩加筋效应:

$$\omega_{wq}^{ij} = \frac{j\text{ 桩存在时 } i \text{ 桩桩顶单位力引起的 } i \text{ 桩桩顶沉降量}}{\text{单桩时 } i \text{ 桩桩顶单位力引起的 } i \text{ 桩桩顶沉降量}} \quad (2-56a)$$

$$\omega_{uT}^{ij} = \frac{\text{第 } j \text{ 根存在时 } i \text{ 桩顶作用单位水平力在 } i \text{ 根桩顶产生的水平位移}}{\text{单桩时第 } i \text{ 根桩上的单位水平力对第 } i \text{ 根桩顶产生的水平位移}}$$

$$(2-56b)$$

$$\omega_{uM}^{ij} = \frac{\text{第 } j \text{ 根桩存在时 } i \text{ 桩桩顶作用单位弯矩在 } i \text{ 根桩顶产生的水平位移}}{\text{单桩时第 } i \text{ 根桩上的单位弯矩对第 } i \text{ 根桩顶产生的水平位移}}$$

$$(2-56c)$$

$$\omega_{\theta T}^{ij} = \frac{\text{第 } j \text{ 根桩存在时 } i \text{ 桩桩顶作用单位水平力在 } i \text{ 根桩顶产生的转角}}{\text{单桩时第 } i \text{ 根桩上的单位水平力对第 } i \text{ 根桩顶产生的转角}}$$

$$(2-56d)$$

$$\omega_{\theta M}^{ij} = \frac{\text{第 } j \text{ 根桩存在时 } i \text{ 桩桩顶作用单位弯矩在 } i \text{ 根桩顶产生的转角}}{\text{单桩时第 } i \text{ 根桩上的单位弯矩对第 } i \text{ 根桩顶产生的转角}}$$

$$(2-56e)$$

相互作用系数和加筋效应系数可通过建立两根桩的整体差分方程求解,如图 2-9 所示两根桩分析模型。假设桩 1 桩长为 L_1,直径为 d_1,划分为 n_1 段;桩 2 桩长为 L_2,直径为 d_2,划分为 n_2 段。根据差分方法,桩 1 处第 i 个结点处竖向位移和水平向位移可分别由式(2-57)和式(2-58)表示:

$$s_i^1 = \sum_{j=1}^{n_1+1} I_{v,\,ij}^{11} \cdot q_j^1 + \sum_{k=1}^{n_2+1} I_{v,\,ik}^{12} \cdot q_k^2 \quad (2-57)$$

$$u_i^1 = \sum_{j=1}^{n_1+1} I_{L,\,ij}^{11} \cdot p_j^1 + \sum_{k=1}^{n_2+1} I_{L,\,ik}^{12} \cdot p_k^2 \quad (2-58)$$

式中,s_i^1 表示桩 1 处第 i 个结点处的竖向位移;q_j^1 为桩 1 处第 j 个结点处的侧摩阻力;q_k^2 为桩 2 处第 k 个结点处的侧摩阻力;$I_{v,\,ij}^{11}$ 表示桩 1 处第 j 个土体结点作用单位摩阻力时在桩 1 处第 i 个结点产生的竖向位移;$I_{v,\,ik}^{12}$ 表示桩 2 处第 k 个土体结点作用单位摩阻力时在桩 1 处第 i 个土体单元中点处产生的竖向位移,可由式(6)求得。u_i^1 表示桩 1 处第 i 个结点处的水平向位移;p_j^1 为桩 1 处第 j 个结点处的侧向阻力;p_k^2 为桩 2 处第 k 个结点处的侧向阻力;$I_{L,\,ij}^{11}$ 表示桩 1 处第 j 个土体结点作用单位摩阻力时在桩 1 处第 i 个结点产生的水平向位移;$I_{L,\,ik}^{12}$ 表示桩 2 处第 k 个土体结点作用单位摩阻力时在桩 1 处第 i 个土体单元中点处产生的水平向位移,可由层状地基中非对称问题解求得。

将两根桩上各结点的位移方程写成矩阵形式,见式(2-59)和式(2-60)。

$$\left\{ \begin{matrix} s^1 \\ s^2 \end{matrix} \right\} = \begin{bmatrix} I_{sv}^{11} & I_{sv}^{12} \\ I_{sv}^{21} & I_{sv}^{22} \end{bmatrix} \cdot \left\{ \begin{matrix} q^1 \\ q^2 \end{matrix} \right\} \tag{2-59}$$

$$\left\{ \begin{matrix} u^1 \\ u^2 \end{matrix} \right\} = \begin{bmatrix} I_{sL}^{11} & I_{sL}^{12} \\ I_{sL}^{21} & I_{sL}^{22} \end{bmatrix} \cdot \left\{ \begin{matrix} p^1 \\ p^2 \end{matrix} \right\} \tag{2-60}$$

式中:

$$\{s^1\} = \{s_1^1 \quad s_2^2 \quad \cdots \quad s_{n_1+1}^1\}^T$$

$$\{s^2\} = \{s_1^2 \quad s_2^2 \quad \cdots \quad s_{n_2+1}^2\}^T$$

$$\{p^1\} = \{p_1^1 \quad p_2^1 \quad \cdots \quad p_{n_1+1}^1\}^T$$

$$\{p^2\} = \{p_1^2 \quad p_2^2 \quad \cdots \quad p_{n_2+1}^2\}^T$$

$$\{u^1\} = \{u_1^1 \quad u_2^1 \quad \cdots \quad u_{n_1+1}^1\}^T$$

$$\{u^2\} = \{u_1^2 \quad u_2^2 \quad \cdots \quad u_{n_2+1}^2\}^T$$

$$\{q^1\} = \{q_1^1 \quad q_2^1 \quad \cdots \quad q_{n_1+1}^1\}^T$$

$$\{q^2\} = \{q_1^2 \quad q_2^2 \quad \cdots \quad q_{n_2+1}^2\}^T$$

$$I_{sv}^{11} = \begin{bmatrix} I_{v,11}^{11} & I_{v,12}^{11} & \cdots & I_{v,1(n_1+1)}^{11} \\ I_{v,21}^{11} & I_{v,22}^{11} & \cdots & I_{v,2(n_1+1)}^{11} \\ \vdots & \vdots & \cdots & \vdots \\ I_{v,(n_1+1)1}^{11} & I_{v,(n_1+1)2}^{11} & \cdots & I_{v,(n_1+1)(n_1+1)}^{11} \end{bmatrix}_{(n_1+1)\times(n_1+1)}$$

$$I_{sv}^{12} = \begin{bmatrix} I_{v,11}^{12} & I_{v,12}^{12} & \cdots & I_{v,1(n_2+1)}^{12} \\ I_{v,21}^{12} & I_{v,22}^{12} & \cdots & I_{v,2(n_2+1)}^{12} \\ \vdots & \vdots & \cdots & \vdots \\ I_{v,(n_1+1)1}^{12} & I_{v,(n_1+1)2}^{12} & \cdots & I_{v,(n_1+1)(n_2+1)}^{12} \end{bmatrix}_{(n_1+1)\times(n_2+1)}$$

$$I_{sv}^{21} = \begin{bmatrix} I_{v,11}^{21} & I_{v,12}^{21} & \cdots & I_{v,1(n_1+1)}^{21} \\ I_{v,21}^{21} & I_{v,22}^{21} & \cdots & I_{v,2(n_1+1)}^{21} \\ \vdots & \vdots & \cdots & \vdots \\ I_{v,(n_2+1)1}^{21} & I_{v,(n_2+1)2}^{21} & \cdots & I_{v,(n_2+1)(n_1+1)}^{21} \end{bmatrix}_{(n_2+1)\times(n_1+1)}$$

$$I_{sv}^{22} = \begin{bmatrix} I_{v,\,11}^{22} & I_{v,\,12}^{22} & \cdots & I_{v,\,1(n_2+1)}^{22} \\ I_{v,\,21}^{22} & I_{v,\,22}^{22} & \cdots & I_{v,\,2(n_2+1)}^{22} \\ \vdots & \vdots & \cdots & \vdots \\ I_{v,\,(n_2+1)1}^{22} & I_{v,\,(n_2+1)2}^{22} & \cdots & I_{v,\,(n_2+1)(n_2+1)}^{22} \end{bmatrix}_{(n_2+1)\times(n_2+1)}$$

$$I_{sL}^{11} = \begin{bmatrix} I_{L,\,11}^{11} & I_{L,\,12}^{11} & \cdots & I_{L,\,1(n_1+1)}^{11} \\ I_{L,\,21}^{11} & I_{L,\,22}^{11} & \cdots & I_{L,\,2(n_1+1)}^{11} \\ \vdots & \vdots & \cdots & \vdots \\ I_{L,\,(n_1+1)1}^{11} & I_{L,\,(n_1+1)2}^{11} & \cdots & I_{L,\,(n_1+1)(n_1+1)}^{11} \end{bmatrix}_{(n_1+1)\times(n_1+1)}$$

$$I_{sL}^{12} = \begin{bmatrix} I_{L,\,11}^{12} & I_{L,\,12}^{12} & \cdots & I_{L,\,1(n_2+1)}^{12} \\ I_{L,\,21}^{12} & I_{L,\,22}^{12} & \cdots & I_{L,\,2(n_2+1)}^{12} \\ \vdots & \vdots & \cdots & \vdots \\ I_{L,\,(n_1+1)1}^{12} & I_{L,\,(n_1+1)2}^{12} & \cdots & I_{L,\,(n_1+1)(n_2+1)}^{12} \end{bmatrix}_{(n_1+1)\times(n_2+1)}$$

$$I_{sL}^{21} = \begin{bmatrix} I_{L,\,11}^{21} & I_{L,\,12}^{21} & \cdots & I_{L,\,1(n_1+1)}^{21} \\ I_{L,\,21}^{21} & I_{L,\,22}^{21} & \cdots & I_{L,\,2(n_1+1)}^{21} \\ \vdots & \vdots & \cdots & \vdots \\ I_{L,\,(n_2+1)1}^{21} & I_{L,\,(n_2+1)2}^{21} & \cdots & I_{L,\,(n_2+1)(n_1+1)}^{21} \end{bmatrix}_{(n_2+1)\times(n_1+1)}$$

$$I_{sL}^{22} = \begin{bmatrix} I_{L,\,11}^{22} & I_{L,\,12}^{22} & \cdots & I_{L,\,1(n_2+1)}^{22} \\ I_{L,\,21}^{22} & I_{L,\,22}^{22} & \cdots & I_{L,\,2(n_2+1)}^{22} \\ \vdots & \vdots & \cdots & \vdots \\ I_{L,\,(n_2+1)1}^{22} & I_{L,\,(n_2+1)2}^{22} & \cdots & I_{L,\,(n_2+1)(n_2+1)}^{22} \end{bmatrix}_{(n_2+1)\times(n_2+1)}$$

然后结合每根桩桩身平衡方程式(2-36)和式(2-47)，根据位移协调条件可写出两根桩的整体差分方程：

$$\begin{bmatrix} I^1 - a_1 \cdot I_p^1 \cdot I_{sv}^{11} & -a_1 \cdot I_p^1 \cdot I_{sv}^{12} \\ -a_2 \cdot I_p^2 \cdot I_{sv}^{21} & I^2 - a_2 \cdot I_p^2 \cdot I_{sv}^{22} \end{bmatrix} \cdot \begin{Bmatrix} q^1 \\ q^2 \end{Bmatrix} = \begin{Bmatrix} Y^1 \\ Y^2 \end{Bmatrix} \qquad (2-61)$$

$$\begin{bmatrix} I^1 - b_1 \cdot I_{pL}^1 \cdot I_{sL}^{11} & -b_1 \cdot I_{pL}^1 \cdot I_{sL}^{12} \\ -b_2 \cdot I_{pL}^2 \cdot I_{sL}^{21} & I^2 - b_2 \cdot I_{pL}^2 \cdot I_{sL}^{22} \end{bmatrix} \cdot \begin{Bmatrix} p^1 \\ p^2 \end{Bmatrix} = \begin{Bmatrix} Y_L^1 \\ Y_L^2 \end{Bmatrix} \qquad (2-62)$$

式中：I^1 为 $n_1 + 1$ 阶单位阵，I^2 为 $n_2 + 1$ 阶单位阵，$a_1 = d_1 \cdot n_1^2 \cdot E_{p1}/(4 \cdot L_1^2)$，$b_1 = \dfrac{n_1^4 E_{p1} I_{p1}}{L_1^4}$，$a_2 = d_2 \cdot n_2^2 \cdot E_{p2}/(4 \cdot L_2^2)$，$b_2 = \dfrac{n_2^4 E_{p2} I_{p2}}{L_2^4}$。

通过对式(2-61)和式(2-62)的求解，即可求得桩桩相互作用系数和加筋系数。

2.2.3 分层地基中桩筏基础计算方法

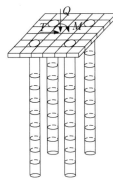

**图 2-10 桩筏基础
示意图**

要分析桩筏基础需要在群桩分析的基础上考虑筏-桩相互作用以及筏-土相互作用。筏板和桩、土的相互作用主要表现为以下几点：① 桩顶和土顶的水平位移与筏板水平位移相等；② 桩顶的转角与筏板的转角相等；③ 桩顶和土顶的竖向位移与相应筏板点的位移相等；④ 桩和土对筏板的反力等于作用于筏板上的外力。

因为考虑了土的作用，因此此处首先需要研究土-桩相互作用以及土-土相互作用。如图 2-11 所示，定义如下七种相互作用和两种加筋作用：

$$\alpha_{wq}^{ps} = \dfrac{土单元作用单位竖向力在桩顶产生的竖向位移}{桩顶作用单位竖向力产生的竖向位移} \qquad (2-63a)$$

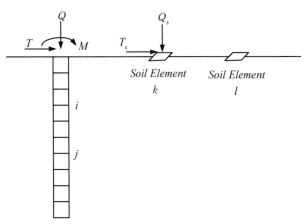

图 2-11 桩与土相互作用示意图

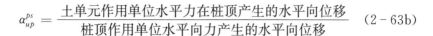

$$\alpha_{up}^{ps} = \frac{\text{土单元作用单位水平力在桩顶产生的水平向位移}}{\text{桩顶作用单位水平向力产生的水平向位移}} \quad (2-63\text{b})$$

$$\alpha_{u\varphi}^{ps} = \frac{\text{土单元作用单位水平力在桩顶产生的转角}}{\text{桩顶作用单位水平向力桩顶产生的转角}} \quad (2-63\text{c})$$

$$\alpha_{wq}^{sp} = \frac{\text{桩顶作用单位竖向力在土顶产生的竖向位移}}{\text{土顶作用单位竖向力土顶产生的竖向位移}} \quad (2-63\text{d})$$

$$\alpha_{up}^{sp} = \frac{\text{桩顶作用单位水平力在土顶产生的水平向位移}}{\text{桩顶作用单位水平向力土顶产生的水平位移}} \quad (2-63\text{e})$$

$$\alpha_{uM}^{sp} = \frac{\text{桩顶作用单位弯矩在土顶产生的水平向位移}}{\text{桩顶作用单位水平向力土顶产生的水平位移}} \quad (2-63\text{f})$$

$$\alpha_{up}^{ss} = \frac{i \text{ 土单元顶作用单位水平力在 } j \text{ 单元土顶产生的水平向位移}}{j \text{ 单元土顶作用单位水平向力 } j \text{ 单元土顶产生的水平位移}}$$
$$(2-63\text{g})$$

$$\omega_{wp}^{sp} = \frac{\text{桩存在时土单元作用单位竖向力在土顶产生的竖向位移}}{\text{无桩时土单元顶作用单位竖向力时土单元顶产生的位移}}$$
$$(2-64\text{a})$$

$$\omega_{up}^{sp} = \frac{\text{桩存在时土单元作用单位竖向力在土顶产生的竖向位移}}{\text{无桩时土单元顶作用单位竖向力时土单元顶产生的位移}}$$
$$(2-64\text{b})$$

如图 2-11 所示,单桩桩长 L,划分 n 个单元,直径为 d,桩顶荷载为 Q, T, M,均布圆形荷载合力大小为 Q_s, T_s。

类似于桩桩相互作用计算,桩周土体第 i 个结点的水平向和竖向位移可分别由下式表示:

$$u_i = \sum_{j=1}^{n+1} I_{L,ij}^{11} \cdot q_j + I_{L,i}^{ps} \cdot T_s \quad (2-65)$$

$$s_i = \sum_{j=1}^{n+1} I_{v,ij}^{11} \cdot p_j + I_{v,i}^{ps} \cdot Q_s \quad (2-66)$$

式中, $I_{L,i}^{ps}$ 为土单元表面作用单位水平力时桩周第 i 个土单元产生的水平向位移, $I_{v,i}^{ps}$ 为土单元表面作用单位竖向力时桩周第 i 个土单元产生的竖向位移,可由分层地基基本解求得,其余参数见群桩分析。

写成矩阵形式如下：

$$\{u\} = [I_{sL}^{11}] \cdot \{q\} + \{I_L^{ps}\} \cdot T_s \qquad (2-67)$$

$$\{s\} = [I_{sv}^{11}] \cdot \{p\} + \{I_v^{ps}\} \cdot Q_s \qquad (2-68)$$

式中，$\{I_L^{ps}\}$ 和 $\{I_v^{ps}\}$ 分别为筏板底土单元对单桩单元的位移柔度向量，$\{I_L^{ps}\} = \{I_{L,1}^{ps} \quad I_{L,2}^{ps} \quad \cdots \quad I_{L,n+1}^{ps}\}^T$，$\{I_v^{ps}\} = \{I_{v,1}^{ps} \quad I_{v,2}^{ps} \quad \cdots \quad I_{v,n+1}^{ps}\}^T$，其余参数见群桩分析。

土单元的水平向和竖向位移可以分别表示为

$$u_s = \sum_{j=1}^{n+1} I_{L,j}^{sp} \cdot q_j + I_L^{ss} \cdot T_s \qquad (2-69)$$

$$s_s = \sum_{j=1}^{n+1} I_{v,j}^{sp} \cdot p_j + I_v^{ss} \cdot Q_s \qquad (2-70)$$

式中，$I_{L,j}^{sp}$ 桩周第 j 个土单元作用单位水平力时地表土单元的水平位移，I_L^{ss} 地表土单元作用单位水平力时地表土单元的水平位移，$I_{v,j}^{sp}$ 桩周第 j 个土单元作用单位竖向力时地表土单元的竖向位移，I_v^{ss} 地表土单元作用单位竖向力时地表土单元的竖向位移，可由分层地基基本解求得。

根据单桩差分推导过程可知，单桩的桩身水平向和竖向位移方程为

$$\{q\} + \frac{E_p I_p}{\delta^4}[I_{pL}] \cdot \{u_p\} = \{Y_L\} \qquad (2-71)$$

$$\{p\} = \frac{d \cdot E_p}{4 \cdot \delta^2}[I_p] \cdot \{w\} + \{Y\} \qquad (2-72)$$

式中各项的意义与单桩分析时相同，在此省略。

根据桩土间的位移协调，联立式（2-67）和式（2-71）以及式（2-68）和式（2-72），可得单桩的水平向和竖向整体差分方程：

$$\left([I] - \frac{n^4 \cdot E_p \cdot I_p}{L^4}[I_{pL}][I_{sL}^{11}]\right)\{q\} = \frac{n^4 \cdot E_p \cdot I_p}{L^4} \cdot [I_{pL}]\{I_L^{ps}\} \cdot T_s + \{Y_L\}$$

$$(2-73)$$

$$\left([I] - \frac{d \cdot n^2 \cdot E_p}{4 \cdot L^2}[I_{pv}][I_{sv}^{11}]\right)\{p\} = \frac{d \cdot n^2 \cdot E_p}{4 \cdot L^2} \cdot [I_{pv}]\{I_v^{ps}\} \cdot Q_s + \{Y\}$$

$$(2-74)$$

式中，$[I]$ 为 $n+1$ 阶单位阵，其他参数如前文所述。

通过式（2-73）和式（2-74）求得桩土接触面上的力后，代入（2-71）和（2-72），即可求出桩身位移，代入（2-69）和（2-70），即可求出筏板底土体单元的位移。

根据以上分析，通过在土单元顶部或者桩顶作用单位力可以求得桩顶和土顶的位移，从而根据定义计算桩对土的作用系数、土对桩的作用系数以及桩对土的加筋系数。

而土对土的作用系数，即在 i 土单元顶部作用单位力计算 j 土单元的产生位移，则可以通过层状体系基本解直接求得。

分析得到桩-土-筏相互作用系数后，桩筏体系表示为矩阵形式如式 2-75 所示：

$$
\begin{Bmatrix} E_1 \\ \vdots \\ E_i \\ \vdots \\ E_m \\ F_1 \\ \vdots \\ F_j \\ \vdots \\ F_n \\ K \end{Bmatrix} = \begin{bmatrix} A_{11} & \cdots & A_{1i} & \cdots & A_{1m} & B_{11} & \cdots & B_{1j} & \cdots & B_{1n} & -J_1^{\mathrm{T}} \\ \vdots & & \vdots & & \vdots & \vdots & & \vdots & & \vdots & \vdots \\ A_{i1} & \cdots & A_{ii} & \cdots & A_{im} & B_{i1} & \cdots & B_{ij} & \cdots & B_{in} & -J_i^{\mathrm{T}} \\ \vdots & & \vdots & & \vdots & \vdots & & \vdots & & \vdots & \vdots \\ A_{m1} & \cdots & A_{mi} & \cdots & A_{mm} & B_{m1} & \cdots & B_{mj} & \cdots & B_{mn} & -J_m^{\mathrm{T}} \\ C_{11} & \cdots & C_{1j} & \cdots & C_{1m} & D_{11} & \cdots & D_{1j} & \cdots & D_{1n} & R_1 \\ \vdots & & \vdots & & \vdots & \vdots & & \vdots & & \vdots & \vdots \\ C_{j1} & \cdots & C_{jj} & \cdots & C_{jm} & D_{j1} & \cdots & D_{jj} & \cdots & D_{jn} & R_j \\ \vdots & & \vdots & & \vdots & \vdots & & \vdots & & \vdots & \vdots \\ C_{n1} & \cdots & C_{nj} & \cdots & C_{nm} & D_{n1} & \cdots & D_{nj} & \cdots & D_{nn} & R_n \\ J_1 & \cdots & J_i & \cdots & J_m & I_1 & \cdots & I_j & \cdots & I_n & 0 \end{bmatrix} \begin{Bmatrix} P_1 \\ \vdots \\ P_i \\ \vdots \\ P_m \\ N_1 \\ \vdots \\ N_j \\ \vdots \\ N_n \\ EE_1 \end{Bmatrix}
$$

$$(2-75)$$

式中：

$$
EE_1 = \begin{bmatrix} u_1 \\ \theta_1 \\ w_1 \end{bmatrix}
$$

$$
E_i = \begin{bmatrix} 0 \\ 0 \\ 0 \end{bmatrix}
$$

$$F_i = \begin{bmatrix} 0 \\ 0 \end{bmatrix}$$

$$K = \begin{bmatrix} T \\ M \\ Q \end{bmatrix}$$

$$P_i = \begin{bmatrix} T_i \\ M_i \\ Q_i \end{bmatrix}$$

$$N_j = \begin{bmatrix} T_j \\ Q_j \end{bmatrix}$$

$$I_j = -R_j^{\mathrm{T}} = \begin{bmatrix} 1 & 0 \\ 0 & x_i - x_1 \\ 0 & 1 \end{bmatrix}$$

$$J_i = \begin{bmatrix} 1 & 0 & 0 \\ 0 & 1 & x_i - x_1 \\ 0 & 0 & 1 \end{bmatrix}$$

$$A_{ig} = \begin{cases} \begin{bmatrix} \alpha_{up}^{ig} & \alpha_{uM}^{ig} & 0 \\ \alpha_{\theta p}^{ig} & \alpha_{\theta M}^{ig} & 0 \\ 0 & 0 & \alpha_{wq}^{ig} \end{bmatrix} & i \neq g \\[3em] \begin{bmatrix} \alpha_{up}^{ig} & \alpha_{uM}^{ig} & 0 \\ \alpha_{\theta p}^{ig} & \alpha_{\theta M}^{ig} & 0 \\ 0 & 0 & \alpha_{wq}^{ig} \end{bmatrix} - \sum_{k=1,\, k \neq i}^{m} \begin{bmatrix} \omega_{up}^{ik} & \omega_{uM}^{ik} & 0 \\ \omega_{\theta p}^{ik} & \omega_{\theta M}^{ik} & 0 \\ 0 & 0 & \omega_{wq}^{ik} \end{bmatrix} & i = g \end{cases}$$

$$B_{ij} = \begin{bmatrix} \alpha_{up}^{ij} & 0 \\ \alpha_{\theta p}^{ij} & 0 \\ 0 & \alpha_{wq}^{ij} \end{bmatrix}$$

$$C_{ji} = \begin{bmatrix} \alpha_{up}^{ji} & \alpha_{uM}^{ji} & 0 \\ 0 & 0 & \alpha_{wq}^{ji} \end{bmatrix}$$

$$D_{jg} = \begin{cases} \begin{bmatrix} \alpha_{up}^{jg} & 0 \\ 0 & \alpha_{wq}^{jg} \end{bmatrix} & j \neq g \\ \begin{bmatrix} \alpha_{up}^{jg} & 0 \\ 0 & \alpha_{wq}^{jg} \end{bmatrix} - \sum_{k=1,\,k\neq j}^{m} \begin{bmatrix} \omega_{up}^{jk} & 0 \\ 0 & \omega_{wq}^{jk} \end{bmatrix} & j = g \end{cases}$$

u_1、θ_1 和 ω_1 为桩 1 顶部由于筏板和桩的内力产生的主动水平位移、转角和竖向位移；T、M 和 Q 为筏板上的水平力、弯矩和竖向力；T_i、M_i 和 Q_i 为第 i 单元（桩或土单元）与筏板之间的相互水平作用力、弯矩和竖向作用力；α_{up}^{ig} 为在 g 单元顶部作用单位水平力时在 i 单元顶部产生的水平位移；α_{uM}^{ig} 为在 g 单元顶部作用单位弯矩时在 i 单元顶部产生的水平位移；$\alpha_{\theta p}^{ig}$ 为在 g 单元顶部作用单位水平力时在 i 单元顶部产生的转角；$\alpha_{\theta M}^{ig}$ 为在 g 单元顶部作用单位弯矩时在 i 单元顶部产生的水平位移；α_{wq}^{ig} 为在 g 单元顶部作用单位竖向力时在 i 单元顶部产生的竖向位移；ω_{up}^{ik} 为 i 单元顶部作用单位水平力 k 单元存在时在 i 单元处的遮拦水平位移；ω_{uM}^{ik} 为 i 单元顶部作用单位弯矩 k 单元存在时在 i 单元处的遮拦水平位移；$\omega_{\theta p}^{ik}$ 为 i 单元顶部作用单位水平力 k 单元存在时在 i 单元处的遮拦转角；$\omega_{\theta M}^{ik}$ 为 i 单元顶部作用单位弯矩 k 单元存在时在 i 单元处的遮拦转角；ω_{wp}^{ik} 为 i 单元顶部作用单位弯矩 k 单元存在时在 i 单元处的竖向位移；x_i 为第 i 个单元的 x 坐标；m 为桩总数；n 为土单元总数。

2.3　方法验证与分析

虽然许多文献给出了均质地基中桩筏基础竖向和水平向荷载作用下桩筏基础的响应，但是，竖向和水平向耦合作用下的桩筏基础响应未见报道。因此，此处采用通过 Kitiyodom 和 Matsumoto(2003) 的算例，分别对比本书方法和 PRAB 竖向和水平向荷载作用下桩筏基础的响应，以及通过跟有限元结果对比竖向和水平向耦合荷载作用下桩筏基础的响应来验证本书方法的正确性。

如图 2 - 12 所示桩筏基础，其中筏板厚度为 0.9 m，当 $E_{s1} = E_{s2} = E_{s3}$ 时，首先采用本书方法分别对竖向荷载和水平向荷载作用下的桩基响应进行分析，并与 Kitiyodom 和 Matsumoto(2003) 的结果进行对比，对比结果如图 2 - 13

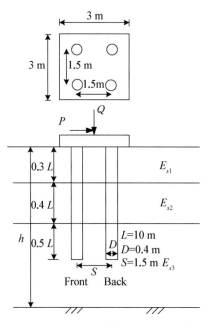

图 2 - 12　地基中桩筏基础受力分析模型

所示。图中位移和内力分别由下式归一化：

$$I_{wv} = \frac{wE_sD}{Q} \qquad (2-76)$$

$$C_{av} = \frac{A}{Q} \qquad (2-77)$$

$$I_{uH} = \frac{uE_sD}{P} \qquad (2-78)$$

$$C_{bH} = \frac{B}{PD} \qquad (2-79)$$

式中，A 为桩身轴力；B 为桩身弯矩；w 为桩身沉降；u 为桩身水平位移。

　　从图中可见本书方法计算结果和 Kitiyodom 和 Matsumoto(2003)的计算结果以及有限元计算结果一致，由此可验证本书方法在均质地基中分别计算竖向和水平向荷载作用下桩筏基础受力特性是正确和可行的。

　　同样采用图 2 - 13 所示计算模型，取 $E_{s1}:E_{s2}:E_{s3}=1:2:4$，同时作用相同大小水平力与竖向力，计算桩筏基础受力特性与有限元计算结果对比。

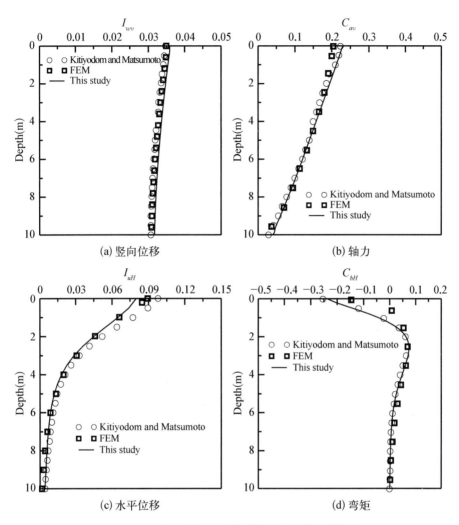

图 2‐13　竖向与水平力分别作用下桩基计算结果

因为该计算模型中筏板厚度为 0.9 m,而本书方法中筏板为无厚度刚性板,因此相当于在筏板上施加了 0.9 倍的水平荷载大小的弯矩,所以,在计算中,筏板上荷载实际采用相同大小的水平荷载和竖向荷载以及 0.9 倍水平荷载大小的弯矩。图 2‐14 所示为本书方法和有限元方法计算结果的对比,从图上可见,耦合荷载作用下本书方法与有限元方法计算结果一致,可见本书方法是正确可行的。

图 2‐15 所示为水平和竖向荷载同时作用和水平和竖向荷载分别作用时计算结果的对比。从图上可见,水平荷载的存在对桩基的沉降和轴力都有较大的

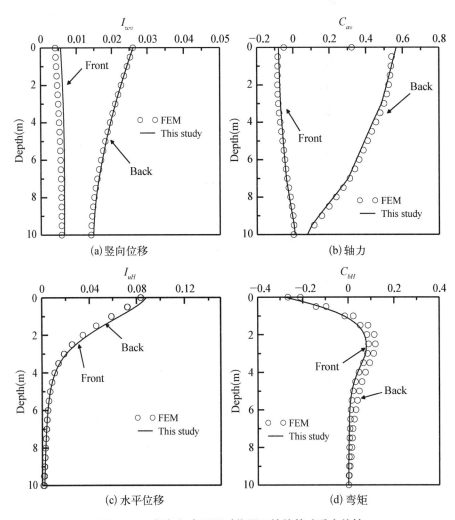

图 2-14 竖向和水平同时作用下桩筏基础受力特性

影响,前桩沉降盒轴力明显变小,甚至开始承受拉力,后桩开始的沉降和轴力明显增大。而在小变形的时候(实际情况桩筏基础往往均处于小变形状态)竖向荷载的存在对桩基的水平受力特性没有明显的影响。说明当桩基同时承受水平和竖向荷载的作用时(如风电桩基础),设计分析中需要考虑水平和竖向荷载的耦合作用。

因为水平向荷载(包括水平力和弯矩)的存在对桩基竖向受力特性具有较大影响,本书对水平和竖向荷载比对桩筏基础的竖向受力特性的影响进行了分析。

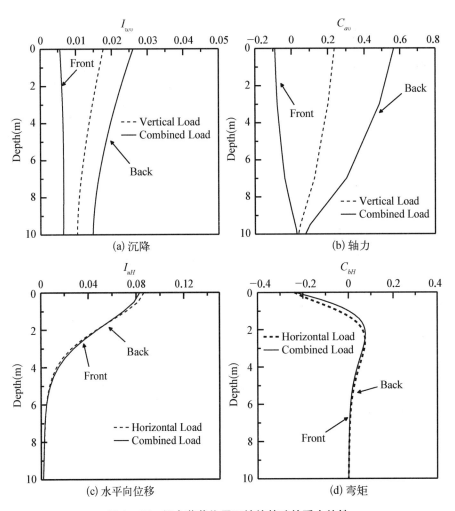

图 2‑15　耦合荷载作用下桩筏基础的受力特性

本书分别对水平力和竖向荷载比值为 0.25、0.5、1 和 2 的情况进行了计算,其中由于水平力和弯矩总是同时出现,此计算中保持弯矩为水平力的 0.9 倍,计算结果如图 2‑16 所示。可见,随着水平和竖向荷载比的增大,前、后桩的差异沉降也越大,前桩甚至出现抗拔情况,从轴力图上也可看到,当水平荷载和竖向荷载比值较大时,前桩出现拉力。所以,在当桩筏基础同时承受竖向和水平向荷载作用时,如风电桩筏基础需要同时验算桩基的抗压承载力和抗拔承载力,荷载耦合分析也显得更为重要。

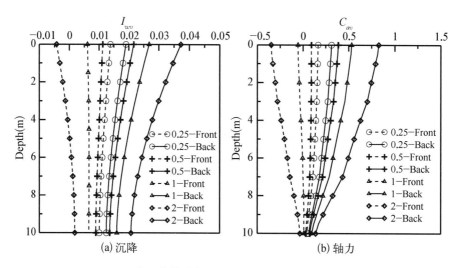

图 2-16　水平荷载的存在对桩筏基础竖向受力特性的影响

2.4　本章小结

　　本章采用积分变换和传递矩阵相结合的方法,详细推导了层状弹性半空间在轴对称和非轴对称荷载作用下的基本解,编制了相应的计算程序,通过退化与 Mindlin 解的对比验证了本书程序的正确性,在此基础上分别推导了层状地基中竖向和水平向单桩的计算方法,并考虑了桩桩相互作用和加筋效应以及筏板对桩基的约束作用,建立了复杂荷载作用下层状地基中桩筏基础的计算方法。

　　通过算例计算,本书方法计算结果与 Kitiyodom 和 Matsumoto(2003)的计算结果以及有限元计算结果一致,验证了本书方法的正确性。本书方法应用于分层地基中比现有基于 Middlin 解采用加权平均地基模量的方法意义更明确。考虑了筏板上竖向与水平向荷载的耦合作用,水平向荷载(包括水平力和弯矩)的存在对桩筏基础中桩基的竖向受力特性具有明显的影响,而在不考虑单桩的竖向和水平向耦合的情况下(小变形情况下),桩筏基础上竖向荷载的存在对桩筏基础中水平向受力特性的影响不明显。同时,研究表明当水平荷载较大时,桩筏基础中桩基将出现受拉抗拔情况,因此对同时承受竖向和水平向荷载作用的基础,如风电桩筏基础需要进行竖向和水平向荷载的耦合作用,以对桩筏基础中桩基进行抗压和抗拔的验算提供依据。

第3章

分层地基中隧道开挖对邻近桩筏基础的影响分析

本章拟采用两阶段方法对隧道开挖对邻近桩筏基础的影响进行分析：首先，计算隧道开挖引起的自由场土体位移；然后将自由场土体位移施加于桩筏基础上，计算桩筏基础的响应。基于层状弹性体系解析解，本书推导了分层地基中隧道开挖对单桩、群桩、高承台群桩和桩筏基础的影响计算方法，编制分析程序，并在此之前利用位移控制有限元（DCFEM）对隧道开挖对桩筏基础的影响进行分析，以用来验证简化计算方法。隧道开挖对桩筏基础的影响包括竖向影响和水平向影响，以桩筏基础为支撑的建筑，建筑物的差异沉降是设计中关注的重要问题，因此，本书先对隧道开挖对桩筏基础的竖向影响进行分析，然后对隧道开挖对桩筏基础的水平向影响进行了分析，并最后考虑竖向与水平向耦合作用，分析竖向与水平耦合时隧道开挖对桩筏基础的影响。

3.1 隧道开挖对桩筏基础影响分析的 DCFEM 法

DCFEM 方法虽然无法准确模拟隧道开挖的过程，但是可以根据指定的地层损失比模拟应力释放过程计算隧道开挖引起的土层位移，较为准确地模拟土层位移的变化。本书采用三维有限元建立隧道开挖对桩筏基础影响的分析模型，如图 3-1 所示。利用该有限元模型，通过对单元材料属性的不同赋值可以模拟不同的计算工况：

（1）对桩单元赋予土体材料属性，对筏板单元赋予空气材料属性，则可以模拟计算隧道开挖引起的土体自由场位移；

（2）对前排一根桩赋予混凝土材料属性，其他桩赋予土体材料属性，筏板赋予空气材料属性，则可计算隧道开挖对单桩的影响；

（3）对所有桩赋予混凝土材料属性，对筏板赋予空气材料属性，则可以模拟隧道开挖对群桩基础的影响；

（4）对桩单元和筏板单元赋予混凝土材料属性，并且在筏板和土单元中设置分隔沟，则可以模拟隧道开挖对高承台群桩的影响；

（5）对桩单元和筏板单元赋予混凝土材料属性，并且是筏板和土体接触，则可以模拟隧道开挖对桩筏基础的影响。

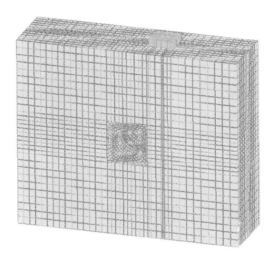

图 3-1　隧道开挖对紧邻桩筏影响分析有限元模型

对于 DCFEM 方法来说，边界条件至关重要，由于相对于隧道设计断面尺寸，隧道变形是很小的，所以，本书假定隧道施工断面与设计断面均为圆形，采用两种隧道断面位移边界条件模拟隧道开挖引起的地层损失（图 3-2）。第一种隧道位移边界（BC1）条件为均匀收缩，即隧道施工断面各节点向隧道设计断面

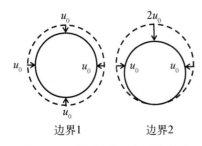

图 3-2　有限元模型边界示意图

圆心施加相等的位移，隧道开挖断面与设计断面为"同心圆"。Sagaseta（1987）在分析隧道开挖引起的土体位移场时，也作了同样的假设。然而，隧道边界的收缩并不是均匀的，大量研究表明，隧道顶部收缩远大于隧道底部的收缩（Mair，1979；Deane 等，1995；Park，2004）。Loganathan 等（1998）的解析公式也

是考虑了这种非均匀收缩后得到的。所以,本书第二种隧道边界位移条件(BC2)假设隧道顶部节点收缩最大,隧道底部节点收缩为零,隧道施工断面与设计断面为"同底圆"。

　　本书分别采用该两种边界条件对图 3-3 所示隧道桩筏体系进行分析。其中,土体弹性模量 $E_s = 24\,\mathrm{MPa}$,泊松比 $\nu_s = 0.5$,桩体弹性模量 $E_p = 30\,\mathrm{GPa}$,泊松比 $\nu_p = 0.25$,地层损失比取 1%。

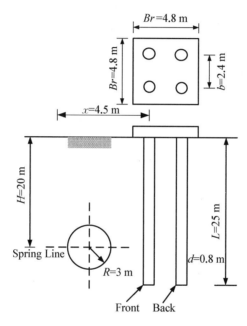

图 3-3　隧道对桩筏基础影响计算示意图

　　图 3-4 所示为两种边界条件计算所得桩位处的自由场位移。对于桩位处的土体沉降,两种边界条件相比,均匀收缩(BC1)得到的沉降在隧道中心线以上偏小,隧道中心线以下略偏大,BC1 得到的土体的最大位移要更接近隧道中心线的位置,隧道中心线以下 BC1 得到的土体位移隆起较大,这主要是由于 BC2 假定在隧道底部位移为零所引起的。

　　图 3-5 所示为两种边界条件下计算所得桩基的位移和内力。从图上可见,采用 BC2 边界时,桩基竖向位移要远大于采用 BC1 边界条件所得竖向位移,对桩筏基础来说,采用 BC2 边界时,桩筏基础的沉降和差异沉降均大于采用 BC1 边界条件时的结果。且采用两种边界条件,虽然前桩最大轴力基本一致,但是采用 BC1 边界时,后桩的轴力要小于采用 BC2 时后桩的轴力。采用

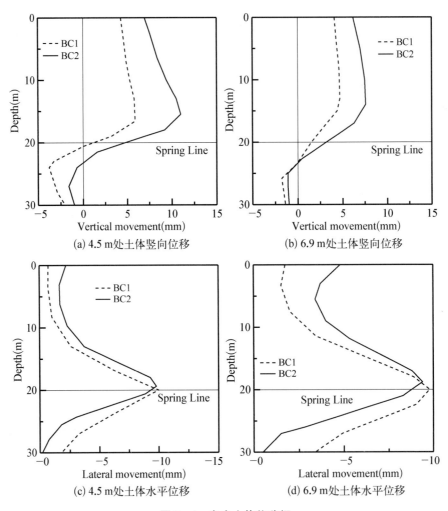

(a) 4.5 m处土体竖向位移

(b) 6.9 m处土体竖向位移

(c) 4.5 m处土体水平位移

(d) 6.9 m处土体水平位移

图 3-4 自由土体位移场

两种边界条件,桩基的最大水平位移值和弯矩较为接近,但是,采用 BC2 边界条件桩顶的水平位移和弯矩要远大于采用 BC1 边界所得结果。从该分析可知,边界条件对计算结果存在重大影响,若采用 BC1 作为边界条件来计算桩基的承载能力是偏于危险的。

杜佐龙等(2009)通过与希思罗机场试验隧道引起的地表沉降实测数据的比较,指出 BC2 更符合世界情况,且该边界条件在国际上得到了普遍的认可,因而本书采用 BC2 进行进一步的研究,对简化方法进行验证。

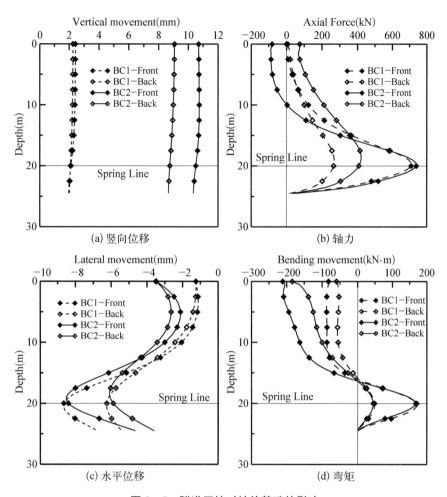

图 3-5　隧道开挖对桩筏基础的影响

3.2　隧道开挖引起的土体自由场位移解析解

要采用两阶段方法计算隧道开挖对桩筏基础的影响,首先需要计算隧道开挖引起的土体自由场的位移,且隧道开挖对桩筏基础的影响的计算的准确性很大程度上依赖于隧道开挖引起的土体自由位移场的计算,所以需要采用计算精度较高的解析方法计算隧道开挖引起的土体自由场位移。本书采用 Loganathan(1998)提出的计算方法来计算隧道不排水开挖时土体的自由场位移,该方法经过实践验证具有较高的计算精度。

竖向位移：

$$S_z = \varepsilon_0 R^2 \left\{ \frac{-(z-H)}{x^2+(z-H)^2} + \frac{(3-4v)(z+H)}{x^2+(z+H)^2} - \frac{2z[x^2-(z+H)^2]}{[x^2+(z+H)^2]} \right\}$$

$$\cdot e^{-\left[\frac{-1.38x^2}{(H+R)^2}+\frac{0.69z^2}{H^2}\right]} \qquad (3-1)$$

水平向位移：

$$S_x = -\varepsilon_0 R^2 x \left\{ \frac{1}{x^2+(z-H)^2} + \frac{(3-4v)}{x^2+(z+H)^2} - \frac{4z(z+H)}{[x^2+(z+H)^2]} \right\}$$

$$\cdot e^{-\left[\frac{-1.38x^2}{(H+R)^2}+\frac{0.69z^2}{H^2}\right]} \qquad (3-2)$$

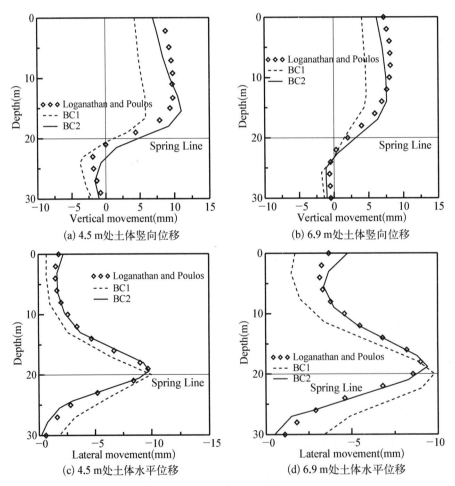

(a) 4.5 m处土体竖向位移   (b) 6.9 m处土体竖向位移

(c) 4.5 m处土体水平位移   (d) 6.9 m处土体水平位移

图 3 - 6　自由土体位移场

该计算公式不仅可以计算隧道开挖引起的地表变形,还能计算地表以下土层的位移,即可以分析桩位不同结点处的土体自由场位移,而且从公式上看,Loganathan 和 Poulos(1998)的解是一个跟土层模量无关的方法,因此可以方便地应用于分层地基的分析中。图 3-6 为图 3-3 模型桩位处自由土体位移该方法计算结果与 DCFEM 方法计算结果的对比。因为该方法推导过程中采用了 BC2 的变形模式,所以从图上可见该方法与 BC2 计算结果具有较好的一致性,同时这也说明了该方法的正确以及可行性,可以被用来进行下一步的研究。

3.3　分层地基中隧道开挖对桩筏基础的竖向影响

隧道开挖引起的桩筏基础的差异沉降是隧道附近的建筑的安全控制的重要指标,本节将建立隧道开挖对桩筏基础的竖向影响的理论分析方法,对隧道开挖对桩筏基础的竖向影响进行分析。

3.3.1　计算方法的建立

1. 隧道开挖对单桩的影响

与第 2 章建立主动单桩差分方程相同,假定单桩长为 L,桩的直径 d,桩端直径为 d_b,桩顶受轴力 Q 的作用,把桩分成 n 个单元,$\delta = L/n$。以桩侧摩阻力为未知量,分别取桩周土和单桩建立节点的位移方程,根据桩土之间的位移相容条件,建立平衡方程,解得桩身各节点处的摩阻力,然后可求出各节点处的位移。

A. 桩身平衡方程

与第 2 章第 2.2 节相同,建立桩身平衡方程:

$$\{p\} = \frac{d \cdot E_p}{4 \cdot \delta^2}[I_p] \cdot \{w\} + \{Y\}$$

$$(3-3)$$

B. 土体平衡方程

如图 3-7 所示,假设隧道开挖引起的桩轴线处土体自由场竖向位移向

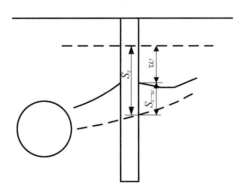

图 3-7　土体竖向位移示意图

量为$\{S_z\}$，且桩身位移与桩侧土位移协调，桩土界面的实际位移为$\{w_p\}$，即桩的存在将减小土体位移，由桩周力引起的土体位移为$\{S_z\}-\{w_p\}$，则可得到土体的位移方程：

$$\{w_p\}-\{S_z\}=\frac{d}{E_s}[I_s]\{p\} \tag{3-4}$$

式中，$\{S_z\}=\{S_{z,1} \quad S_{z,2} \quad S_{z,3} \quad \cdots \quad S_{z,n} \quad S_{z,b}\}^{\mathrm{T}}$，其他参数同第 2 章。

C. 整体平衡方程

最后，将式(3-3)和式(3-4)联立，可以得到单桩的整体差分方程：

$$\left([I]-\frac{d^2 E_p}{4E_s\delta^2}[I_p][I_s]\right)\{p\}=\frac{dE_p}{4\delta^2}[I_p]\{S_z\}+\{Y\} \tag{3-5}$$

式中，$[I]$为单位阵。

通过式(3-5)求出桩周阻力$\{p\}$之后，可以求出桩身位移$\{w_p\}$及桩身的附加轴力。

2. 层状地基中隧道开挖对群桩基础的影响

隧道开挖对群桩的分析主要分为两部分：① 群桩中基桩的附加位移和附加内力分析；② 被动群桩中桩和桩、桩和土之间的相互影响分析。上一部分已经详细介绍了隧道开挖对基桩的影响的分析方法的建立，这里着重于介绍桩桩相互作用的计算。桩桩相互作用分为主动桩相互作用和被动桩相互作用，主动桩的相互作用包括桩桩相互作用系数和加筋效应系数，在考虑该两种效应的同时，需要考虑桩基对被动位移的遮拦效应。第 2 章已经详细介绍了桩桩相互作用和加筋效应，以下将针对遮拦效应展开详细讨论。

Loganathan(2001)等指出，被动群桩具有明显的遮拦效应，当考虑遮拦效应时，群桩中基桩的位移和内力均比单桩时明显减小。所谓"遮拦效应"，是指桩基对周边土体发生运动所作的抵抗，在此处表现为隧道开挖引起的土体位移因为桩基的存在而减小，土体被动位移的减小也必将导致桩基位移减小，所以也表现为当前桩的存在会导致其他桩被动位移减小。李早等(2007)基于剪切位移法对隧道开挖条件下被动群桩的遮拦效应进行了分析。但是剪切位移法在分析群桩时仅考虑桩土在平面内的相互作用，忽略了同一根桩上不同点间的相互作用，且未考虑桩基变形引起的土体变形。为了与主动桩沉降引起土体变形相区别，本书将被动桩分析中桩基变形引起的土体变形作用归纳为桩基变形导致遮拦效应的减弱，即表现为土体同一点的被动位移在桩基变形时比在桩基不变形时的被动位移要大。这是因为桩基变形时,桩侧阻力将比不变形时小,而桩侧阻力正是遮拦位移大小的决定性因素。因此,遮拦效应的大小依赖于桩基最终变形状态。

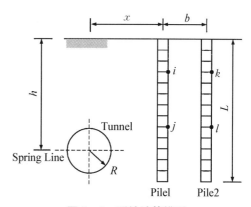

所以,本书采用整体求解方式,即遮拦位移方程与桩基整体方程同时联立求解,此时得到的桩基位移和侧摩阻力为最终状态的位移和侧摩阻力,而此时得到的遮拦效应也即为考虑了桩基变形对遮拦效应削减之后的最终遮拦效应。

图 3-8　群桩计算模型

本书基于层状体系弹性理论法,分析群桩的遮拦效应,如图 3-8 所示。由于桩 1 的存在在桩 2 位置处的土体遮拦位移为

$$\{\Delta S_{z2}^1\} = \{\Delta S_{z2,\,1}^1 \quad \cdots \quad \Delta S_{z2,\,j}^1 \quad \cdots \quad \Delta S_{z2,\,n+1}^1\} \tag{3-6}$$

式中,

$$\Delta S_{z2,\,j}^1 = \sum_{i=1}^{n} I_{ji}^{21} \tau_i^1 + I_{jb}^{21} p_b^1$$

$$\Delta S_{z2,\,b}^1 = \sum_{i=1}^{n} I_{bi}^{21} \tau_i^1 + I_{bb}^{21} p_b^1$$

其中,$\Delta S_{z2,\,j}^1$ 为由于桩 1 的存在在桩 2 第 j 段位置处的土体遮拦位移,I_{ji}^{21} 为桩 1 第 i 段的单位桩侧阻力引起的桩 2 第 j 段位置处的土体遮拦位移,I_{bi}^{21} 为桩 1 第 i 段的单位桩侧阻力引起的桩 2 桩端位置处的土体遮拦位移,τ_i^1 为桩 1 第 i 段的桩侧阻力,I_{jb}^{21} 为桩 1 桩端阻力引起的桩 2 第 j 段位置处的土体遮拦位移,I_{bb}^{21} 为桩 1 桩端阻力引起的桩 2 桩端位置处的土体遮拦位移,p_b^1 为桩 1 桩端阻力,分层地基中 I_{ji}^{21},I_{bi}^{21},I_{jb}^{21},I_{bb}^{21} 可以通过层状地基中轴对称问题基本解求解。

假设被动群桩桩数为 m,则桩 2 处的土体遮拦位移为

$$\Delta S_{z2} = \sum_{k=1,\,k\neq 2}^{m} \Delta S_{z2}^k \tag{3-7}$$

所以,桩 2 处土体位移为 $\{S_z\} - \{\Delta S_{z2}\}$,则桩 2 的整体差分方程为

$$\left(\left[I\right]-\frac{d^2 E_p}{4E_s\delta^2}\left[I_p\right]\left[I_s\right]\right)\{p\}=\frac{dE_p}{4\delta^2}\left[I_p\right](\{S_z\}-\{\Delta S_{z2}\})+\{Y\} \quad (3-8)$$

同理可以列出其他桩的整体方程,联立 m 个方程求解,则可以求得各桩的附加位移和内力。

3. 层状地基中隧道开挖对桩筏基础的影响

隧道开挖对邻近桩筏基础的影响分析与隧道开挖对邻近群桩基础的影响分析的不同在于桩筏分析需要在群桩分析的基础上同时考虑筏板与土的相互作用以及筏板与桩的相互作用。因此需要引进两个约束条件:① 筏板最终沉降等于不考虑筏板存在时桩土被动位移与筏板约束产生的桩土位移之和(筏板和桩、筏板和土界面处位移协调);② 桩土单元对筏板竖向作用力之和为 0(假设筏板上没有外荷载),这两个约束条件可表示为

$$\{w_r\}=\{w_{pt}\}+\left[K_{ps}\right]\{P\} \quad (3-9)$$

$$\sum_{i=1}^{k}P_i=0 \quad (3-10)$$

式中,$\{w_r\}$ 为与筏板接触的桩土单元最终位移向量,$\{w_r\}=\{w_{r1} \quad w_{r2} \quad \cdots \quad w_{ik}\}^T$;$\{w_{pt}\}$ 为不考虑筏板存在时相应的桩土单元顶的被动位移,在计算土单元位移时,将土单元假设为虚拟桩,计算桩对土单元的作用系数、土对桩的作用系数,以及桩对土的"遮拦位移",$\{w_{pt}\}=\{w_{pt1} \quad w_{pt2} \quad \cdots \quad w_{ptk}\}^T$;$\left[K_{ps}\right]$ 为与筏板接触的桩土单元的刚度矩阵;$\{P\}$ 为桩土单元与筏板的相互作用力,$\{P\}=\{P_1 \quad P_2 \quad \cdots \quad P_k\}^T$;$k$ 为平面内桩土单元总数。

$$[K_{ps}]=\begin{bmatrix} \alpha_{11} & \cdots & \alpha_{1i} & \cdots & \alpha_{1m} & \beta_{1(m+1)} & \cdots & \beta_{1(m+j)} & \cdots & \beta_{1k} \\ \vdots & & \vdots & & \vdots & \vdots & & \vdots & & \vdots \\ \alpha_{i1} & \cdots & \alpha_{ii} & \cdots & \alpha_{im} & \beta_{i(m+1)} & \cdots & \beta_{i(m+j)} & \cdots & \beta_{ik} \\ \vdots & & \vdots & & \vdots & \vdots & & \vdots & & \vdots \\ \alpha_{m1} & \cdots & \alpha_{mi} & \cdots & \alpha_{mm} & \beta_{m(m+1)} & \cdots & \beta_{m(m+j)} & \cdots & \beta_{mk} \\ \kappa_{(m+1)1} & \cdots & \kappa_{(m+1)i} & \cdots & \kappa_{(m+1)m} & \eta_{(m+1)(m+1)} & \cdots & \eta_{(m+1)(m+j)} & \cdots & \eta_{(m+1)k} \\ \vdots & & \vdots & & \vdots & \vdots & & \vdots & & \vdots \\ \kappa_{(m+j)1} & \cdots & \kappa_{(m+j)i} & \cdots & \kappa_{(m+j)m} & \eta_{(m+j)(m+1)} & \cdots & \eta_{(m+j)(m+j)} & \cdots & \eta_{(m+1)k} \\ \vdots & & \vdots & & \vdots & \vdots & & \vdots & & \vdots \\ \kappa_{k1} & \cdots & \kappa_{kj} & \cdots & \kappa_{km} & \eta_{k(m+1)} & \cdots & \eta_{k(m+j)} & \cdots & \eta_{kk} \end{bmatrix}$$

其中，α_{ii}为桩桩相互作用系数；$\beta_{i(m+j)}$为土对桩的作用系数；$\kappa_{(m+j)i}$为桩对土的作用系数；$\eta_{(m+j)(m+j)}$为土对土的作用系数。

Loganathan 等（2001）计算结果表明在被动群桩分析中，土体沉降要大于桩顶沉降，因此，在不考虑上部荷载作用的情况下，被动刚性桩筏基础分析中，由于桩变形较小，土体将与筏板脱开，两者之间不存在相互作用。所以，在刚性筏板被动群桩分析过程中，仅需考虑桩与筏板的相互作用，而不用考虑土体与筏板的相互作用。当考虑上部荷载作用时，土体与筏板是否分开依赖于上部荷载大小和被动荷载的大小的比值，因此需考虑筏板与土接触以及不接触两种情况，取其不利情况进行设计。

3.3.2　计算方法的验证

根据 3.3.1 节的方法，本书编制了 Fortran 程序来计算层状地基中隧道开挖对桩筏基础的影响。为了验证方法和程序的正确性，本书将该程序计算结果和已有方法的结果、DCFEM 的计算结果以及离心试验结果进行了对比。由于现有方法都是基于均质地基，所以首先利用本书方法计算均质地基中隧道开挖对单桩、群桩、高承台群桩以及桩筏基础的影响。

1. 均质地基中隧道开挖对单桩的竖向影响

如图 3-9 所示，在弹性模量为 24 MPa 的均质地基中，距离埋深 20 m 的隧道 4.5 m 处有一根长为 25 m、直径为 0.5 m 的桩，其中，桩的弹性模量为 30 000 MPa，土体泊松比为 0.5，桩的泊松比为 0.25。Xu 和 Poulos（2001）利用边界单元法对同样算例进行了分析，Huang 等（2009）利用剪切位移法也对该算例进行过分析，本书分别设定地层损失比 ε_0 为 1%、2.5% 和 5% 计算隧道开挖使邻近单桩产生的附加变形和内力，并与 Xu 和 Poulos（2001）以及 Huang 等（2009）的结果进行对比。

图 3-10 所示为单桩本书计算结果和已有方法计算结果的比较。从图上可以看出，无论是桩身附加位移还是桩身附加轴力，本书计算结果与 Xu 和 Poulos（2001）

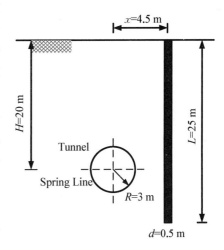

图 3-9　均质地基中隧道对单桩竖向影响算例示意图

利用边界元计算的结果均基本一致。桩身位移沿着深度方向变化很小,说明桩能够有效抵抗土体变形。桩身附加轴力最大值出现在隧道轴线附近,说明隧道开挖时,隧道轴线附近是桩基的薄弱位置。当地层损失比较小时,三种方法计算结果较为接近,当地层损失比较大时,本书方法较 Huang 等(2009)方法更接近于边界元解,这是因为 Huang 等(2009)在考虑桩土及桩桩相互作用时并不完善。

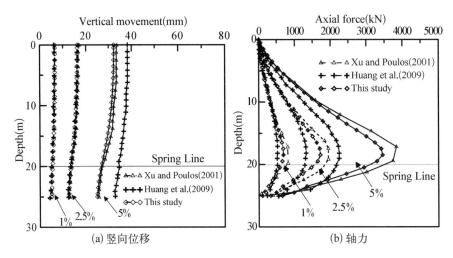

图 3‐10　均质地基中隧道开挖对单桩竖向影响计算结果

2. 均质地基中隧道开挖对群桩基础的竖向影响

如图 3‐11 所示,采用本书方法和 DCFEM 方法对隧道开挖对邻近 2×2 群

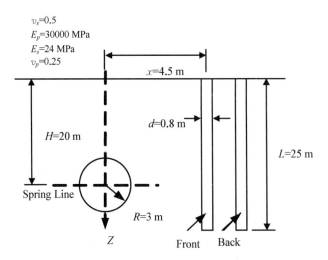

图 3‐11　均质地基中隧道开挖对群桩的影响

桩基础的竖向影响进行分析,此处,群桩基础中桩的直径为 0.8 m,地层损失比取为 1%,其他参数如图中所示。

隧道开挖对邻近群桩基础的竖向影响的计算结果如图 3-12 所示。图中将本书方法计算结果和 DCFEM 计算结果进行了对比,从图中可见,虽然不是完全一致,但是文本计算结果和 DCFEM 计算结果较为接近,最大值基本上一样,并且可以看到后桩的误差要小于前桩的误差。综合来说,本书计算结果与 DCFEM 计算结果是较为一致的,也证明了本书方法的正确性。

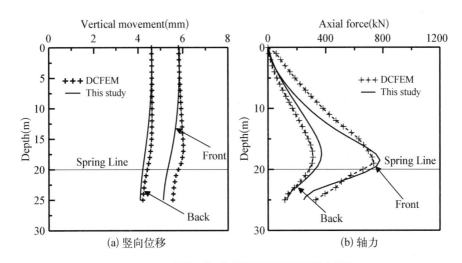

图 3-12　隧道开挖对群桩基础的竖向影响分析

图 3-13 中,将隧道开挖对群桩基础的竖向影响和离隧道相同距离处单桩的竖向影响进行了对比,从图上可以看到,无论是前桩还是后桩,群桩中基桩的竖向位移要略小于相同距离处单桩的竖向位移,群桩中基桩的轴力要明显小于相同距离处单桩的轴力,因此可以说,在考虑了遮拦效应后,群桩具有明显的群桩效应,群桩效应有利于减少邻近隧道桩基础的附加变形和内力,而且可以看到群桩效应对桩基内力的减少作用要高于对桩基变形的减小,即对桩基本身的保护作用要比对建筑的保护作用明显。

3. 均质地基中隧道开挖对高承台群桩基础的竖向影响

如图 3-14 所示,均质地基中在距离一个 2×2 的桩筏基础 4.5 m 的地方进行隧道开挖,对隧道开挖对桩基的影响进行分析,其中,桩长为 25 m,直径为 0.5 m,土体弹性模量为 24 MPa,桩的弹性模量为 30 000 MPa,土体泊松比为 0.5,桩的泊松比为 0.25。在筏板和土体中间设置分隔沟,即不考虑筏板和土的

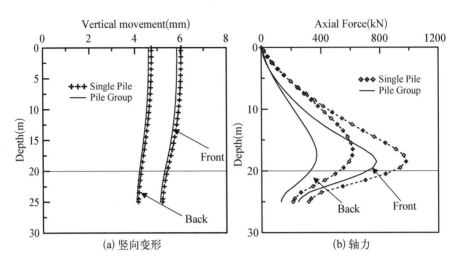

图 3‐13 隧道开挖对群桩竖向影响和单桩竖向影响对比

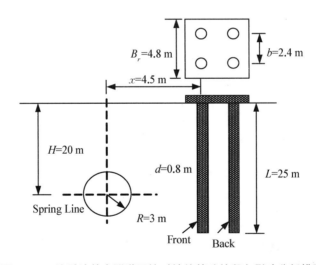

图 3‐14 均质地基中隧道开挖对桩筏基础的竖向影响分析模型

相互作用,则桩基为高承台的群桩基础,桩顶部受承台约束。计算中,地层损失比取为 1%。

图 3‐15 所示为均质地基中隧道开挖对邻近高承台群桩基础的影响的计算结果。Loganathan 和 Poulos(2001)以及 Kitiyodom 等(2005)也分别对该问题进行了研究,这里将本书计算结果和 Loganathan 和 Poulos(2001)以及 Kitiyodom 等(2005)的结果进行了对比。从图上可见,本书方法的计算结果与 Kitiyodom 等(2005)利用 Mindlin 解计算竖向位移一致,前排桩的竖向位移要稍

微大于 Loganathan 和 Poulos(2001)的计算结果,这是因为 Loganathan 和 Poulos(2001)在计算的时候可能并没有考虑筏板对桩基础的约束作用,这可以从轴力图上看出。在有筏板约束的情况下,前、后排桩基的沉降不一致时,筏板与桩基之间将会产生相互作用力且内力之和为 0,但是,Loganathan 和 Poulos(2001)的计算结果中,明显不符合这种情况。筏板对桩基的内力的影响体现在桩基础的上部,而在桩的下部筏板的影响则较小,主要是由于隧道开挖引起的内力,从图上可以看到,与 Kitiyodom 等(2005)的计算结果对比,本书的结果更接近于边界元的精确计算结果,因此,本书的方法要高于 Kitiyodom 等(2005)的方法。

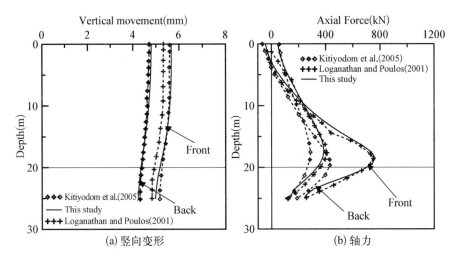

图 3-15　隧道开挖对邻近高承台桩基的竖向影响

4. 均质地基中隧道开挖对桩筏基础的竖向影响

虽然在隧道开挖过程中,土体沉降大于桩顶沉降,会造成筏板和土体分离,但是实践中,由于桩筏基础上建筑物荷载的作用,土体是否分离是一个未知量,因此有必要对考虑土体和筏板的相互作用的桩筏基础进行分析。同样,采用图 3-14 中的模型,考虑筏板和土的相互作用(桩筏基础),根据文献(Loganathan 和 Poulos,2001),地层损失比取 4.69%,其他计算参数与计算高承台群桩时一致,分析均质地基中隧道开挖对邻近桩筏基础的影响。

图 3-16 所示为均质地基中隧道附近桩筏基础的计算结果,图中 Loganathan 和 Poulos(2001)的结果没有考虑筏板和土的相互作用。从图上可见,当考虑筏板和土的相互作用时,桩基的竖向变形和内力都要比不考虑筏板和土的作用时要大,这是因为在隧道开挖的影响下,土体产生的是向下的位移,对筏板产生向

下的拉力,从而增加了筏板的沉降和桩基的内力。同时可以看到 Kitiyodom 等(2005)的结果,前排桩和后排桩的竖向变形基本一致,这个结果明显不合理,因此,本书方法要比 Kitiyodom 等(2005)的方法更为准确,更合理。

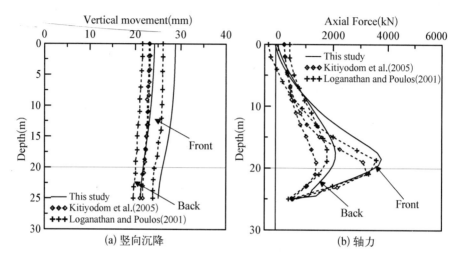

(a) 竖向沉降　　　　　　　　(b) 轴力

图 3-16　均质地基中隧道开挖对桩筏基础竖向影响

5. 分层地基中隧道开挖对单桩的竖向影响

由于目前尚未有分层地基中被动桩的报道,因此,分层地基中,本书计算结果均采用与 DCFEM 方法的结果对比验证本书方法的正确性。

图 3-17 所示为一典型的双层地基中隧道开挖对邻近单桩影响的问题,采用本书方法和 DCFEM 方法对隧道开挖引起的单桩的附加变形和内力进行计算研究,其中,地层损失比取为 1%。

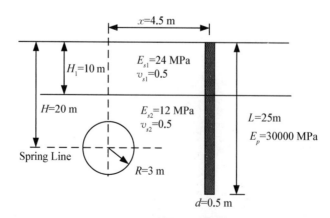

图 3-17　分层地基中隧道开挖对单桩的竖向影响计算模型

分层地基中单桩的计算结果如图 3－18 所示。从图上可见本书方法与 DCFEM 方法计算结果较为接近，可见本书方法计算结果是正确的。虽然桩基竖向位移的形状和在均质地基中基本一致，但是可以看到侧摩阻力和轴力都受到了土层分层的影响。在图上可见，在土层分界的地方，侧摩阻力发生了明显的跳跃，所以，桩侧摩阻力取决于桩周土层的模量，而且轴力在土层分界面也有明显的转折，可见考虑土层的分层对桩基础的分析是具有重要意义的。

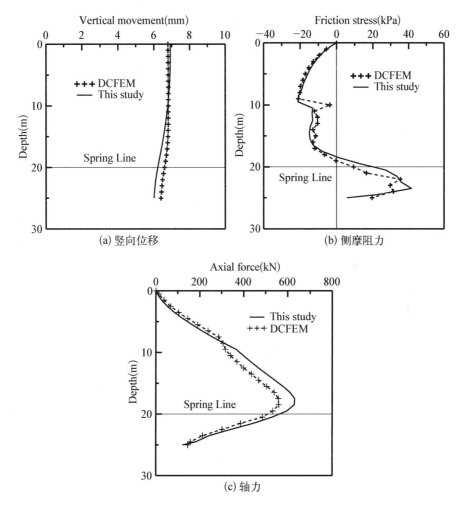

图 3－18　层状地基中隧道开挖对邻近单桩的竖向影响

6. 分层地基中隧道开挖对桩筏基础的竖向影响

前文已经讨论了均质地基中群桩、高承台群桩和桩筏基础的受力特性的区别,由于在被动桩中土和筏板的分离,此处隧道对桩筏基础的影响指对高承台群桩的影响。基于前文的分析,此处采用本书方法和 DCFEM 方法对分层地基中隧道开挖对桩筏基础的影响进行分析。如图 3-19 所示,计算中,地层损失比取 1%。

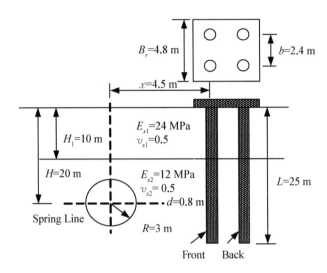

图 3-19 层状地基中隧道开挖对桩筏基础的竖向影响计算模型

层状地基中隧道开挖对桩筏基础影响的计算结果如图 3-20 所示,从图上可见本书方法计算结果与 DCFEM 方法的计算结果较为接近,同样,在土层分界处桩侧摩阻力分布有明显的跳跃。

7. 与已有离心试验对比

Ong 等(2006)在新加坡国立大学的离心试验室在 100 g 重力场下对隧道开挖对单桩的影响进行了离心试验研究。试验模型中模拟的隧道实际直径为 6 m,桩基桩长 25 m,且在桩基上埋置了 10 对应变片来测量桩基上的轴力。根据 Ong(2006)的研究,试验中土的模量可以根据下式计算:

$$E = 150C_u \tag{3-11}$$

其中,$C_u/\sigma'_{v0} = 0.29OCR^{0.85}$,$\sigma'_{v0}$ 是竖向有效应力,OCR 是土体超固结比。可见土体模量是随着深度增长的。由于本书方法认为每层土应为均质土,无法考虑土体随深度增长,因此此处采用将土体划分为 6 层来模拟土体刚度的增长。考虑到边界效应,底部土体边界设置为埋深 43.6 m,试验研究表明,地层损失比为

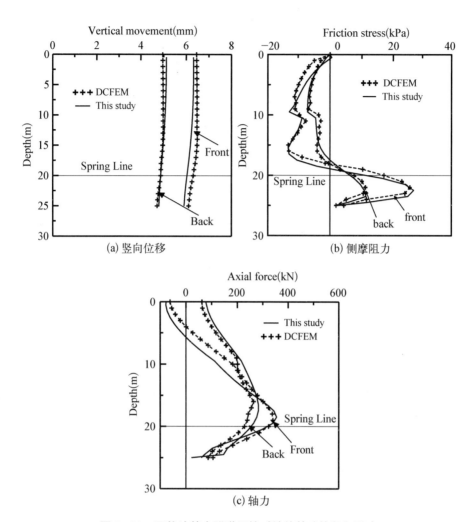

图 3-20　层状地基中隧道开挖对桩筏基础的竖向影响

6.6%,计算模型如图 3-21 所示。

　　图 3-22 所示为离心试验计算结果,可见本书计算结果和试验实测结果是比较接近的,但是在桩顶部区域,本书计算结果较实测结果要小,这主要是因为在试验过程中,土层顶部有一部分土层为超固结土,而在本书计算过程中,则认为全部为正常固结土,低估了土体刚度。

　　基于几个典型算例,通过与既有计算结果、DCFEM 和离心试验结果的对比验证,证明本书的计算方法来计算隧道开挖对桩筏基础的影响是可靠的,具有一定的精度,具有推广使用价值。

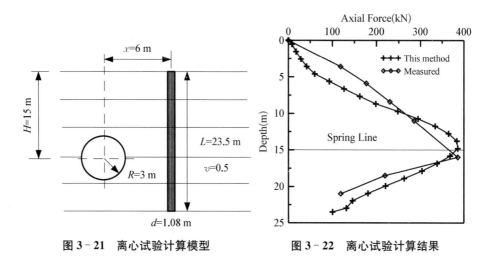

图 3‑21　离心试验计算模型　　　　图 3‑22　离心试验计算结果

3.3.3　竖向影响参数分析

　　隧道开挖对邻近桩筏基础的影响受土层的分布、桩基础的排列、桩基础的尺寸、隧道埋深、隧道与桩筏基础的距离和隧道的施工方法等因素的影响,因此,为了给设计和施工提供一定的指导,有必要对各种影响因素进行研究,总结影响规律。由于在隧道开挖时桩基往往是已经存在的基础,设计方案中难以改变,且 Kitiyodom 等(2005)已经对桩基础的尺寸、排列等因素进行了一定的研究,因此,本书将着重于对土层分布对被动桩筏基础的影响进行分析,同时也将补充分析桩基排列以及隧道相关参数对被动桩筏基础的影响。

　　1. 隧道相关的参数

　　与隧道设计相关的参数主要在于隧道选线时所确定的参数,包括隧道埋深、隧道与桩基的距离,在隧道开挖时,采用不同的施工工艺以及施工控制措施将造成不同的开挖面地层损失,因此,与隧道施工相关的参数主要是地层损失比。本小节将利用本书方法对这三个因素对被动桩筏基础的影响进行分析。分析中的计算参数如表 3‑1 所列。表中,L 为桩长,d 为桩直径,R 为隧道开挖半径,x 为隧道距桩的距离,H 为隧道轴线埋深,ε_0 为地层损失比,E_s 为土层模量,E_p 为桩身模量,v_s 为土体泊松比,v_p 为桩身泊松比。

　　A. 隧道与桩的距离(x)

　　采用均质地基中隧道开挖对单桩的影响分析模型(图 3‑9),隧道与桩的距离为研究对象,分别将距离设置为 0、4.5、9、13.5 m,其他计算参数如表 3‑1所列。

表 3‑1　隧道参数分析

研究对象参数	其　他　参　数									
	L (m)	R (m)	ε_0	E_s (MPa)	E_p (GPa)	v_s	v_p	x (m)	H/L	d (m)
x	25	3	1%	24	30	0.5	0.25	—	1.4	0.5
H/L	25	3	1%	24	30	0.5	0.25	4.5	—	0.5
ε_0	25	3	—	24	30	0.5	0.25	4.5	0.8	0.5

从图 3‑23 可见,随着距离的增大竖向变形和轴力都随之减小,在距离较大的时候,桩身反而出现了拉力。

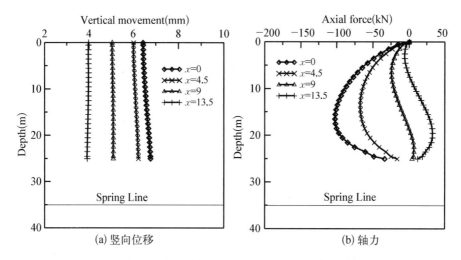

图 3‑23　隧道与桩的距离对被动桩的竖向影响

B. 隧道埋深

为了明确隧道位置与桩长的关系,本书利用隧道埋深与桩长的比值(H/L)来表示隧道埋深,分别设置 H/L 为 0.2、0.6、1.0 和 1.4 计算隧道周边单桩受力特性,其他计算参数如表 3‑1 所列。

从图 3‑24 可以看到桩基最大沉降出现在 $H/L=1$ 的时候,而轴力最大值出现在 $H/L=0.6$ 时。说明在隧道选线时,需要根据两个标准来控制对周边建筑的影响,首先,为了减少邻近建筑的沉降,隧道应避免在桩底附近位置穿越,其次,为了保护桩身自身的安全,隧道应避免从桩基中部位置穿越,隧道埋深在桩埋深 0.5～1 倍桩长范围内是一个比较合理的位置。

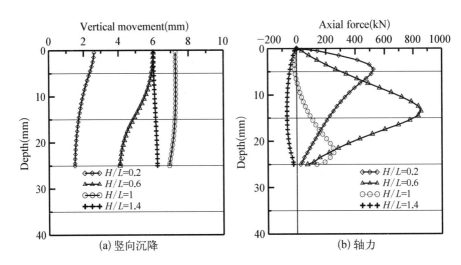

图 3-24　隧道埋深对被动桩基的竖向影响

C. 地层损失比

本书方法中,隧道的施工方法和质量主要反映在地层损失比上。因此,本书也对地层损失比对被动桩基的影响进行了分析,分析中,地层损失比分别设置为1%、2%、3%、4%和5%,其他参数见表3-1。

如图3-25所示,桩身竖向位移和轴力都随着地层损失比的增加而增加,图3-26显示,最大桩身竖向位移和轴力随着地层损失比线性增长。所以选用合理的施工方法、控制施工质量有助于减少隧道开挖引起的桩身沉降和轴力。

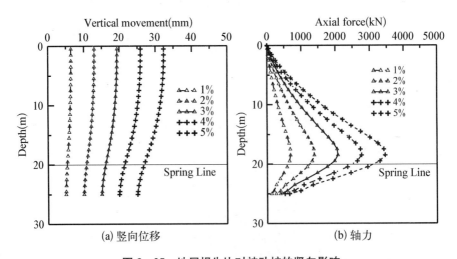

图 3-25　地层损失比对被动桩的竖向影响

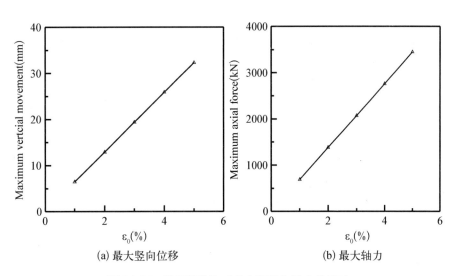

(a) 最大竖向位移　　　　　　　　(b) 最大轴力

图 3 - 26　地层损失比对最大沉降与轴力的影响

2. 土层分布

如前文所述,隧道开挖假设为不排水开挖,土层泊松比为常数 0.5,所以,土层分布主要反映在土层弹性模量的不同上,本书拟对两层土和三层土体系中土层的弹性模量比对邻近隧道的被动桩基的影响进行分析。

A. 双层地基

如图 3 - 17 所示双层土体体系,设置上、下土层的模量比为 0.25、0.5、1 和 2,其他参数如表 3 - 2 所列。同时,为了研究上、下土层的刚度对邻近隧道被动桩基的影响,本书分两部分考察土层模量比对邻近隧道被动桩基的影响,第一部分维持上层土弹性模量不变,改变土层模量比;第二部分维持下层土弹性模量不变,改变土层模量比。

表 3 - 2　双层体系中计算参数

其　他　参　数									
L (m)	R (m)	ε_0	H_1 (m)	E_p (GPa)	v_s	v_p	x (m)	H/L	d (m)
25	3	1%	10	30	0.5	0.25	4.5	0.8	0.8

a. 下卧土层模量影响

在该部分,设置上覆土层的模量为 24 MPa,下卧层土的模量随着上、下土层的模量比的变化而改变。

图 3-27 和图 3-28 所示分别为双层地基中下卧土层模量对邻近隧道的被动单桩和桩筏的影响。从图上可见,虽然桩身变形和内力沿着桩身的分布规律基本一致,但是数值上随着上、下土层模量比 E_{s1}/E_{s2} 的变化而变化。从图上可见,随着上、下土层模量比 E_{s1}/E_{s2} 的增大,桩身竖向位移随之增大,且在 $E_{s1}/E_{s2} < 0.5$ 时,桩顶位移随着上、下土层模量比的变化很小,而桩身轴力随之增加。而且可以看到,下卧土层模量的变化对桩身的轴力的影响主要集中于分布于下卧土层中的桩段,对于上覆土层中的桩段仅竖向位移影响较大。也就是说,过高地增加下覆土层的刚度不仅对控制桩筏基础的沉降没有帮助,而且会增加桩身破坏的危险。从图上可见,下卧土层的刚度对桩筏基础的影响规律与对单

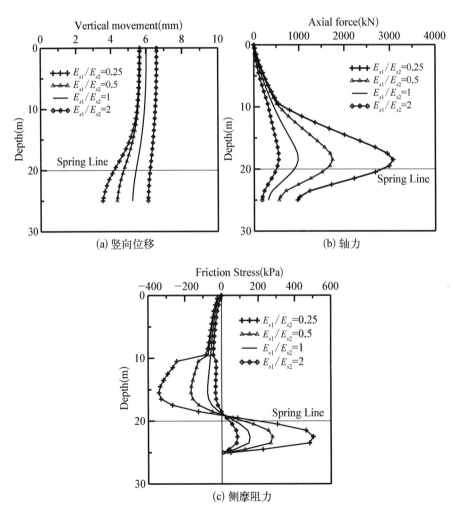

(a) 竖向位移

(b) 轴力

(c) 侧摩阻力

图 3-27 下卧土层刚度对邻近隧道桩筏基础的竖向影响

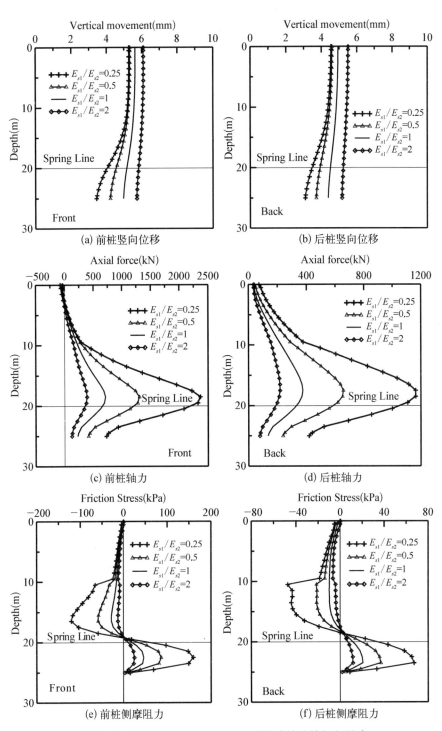

图 3‒28　下卧土层刚度对邻近隧道被动桩筏的竖向影响

桩的影响规律是一致的。

　　b. 上覆土层模量影响

　　在该部分,在双层地基中设置下卧土层的模量为 24 MPa,上覆层土的模量随着上、下土层的模量比的变化而改变。

　　图 3-29 和图 3-30 所示分别是双层地基中上覆土层刚度对邻近隧道的单桩和桩筏基础的影响的计算结果。从图上可见,无论是桩身位移还是内力,都随着上、下土层模量比 E_{s1}/E_{s2} 的增大而增大。也就是说,在下层土已经选定时,回填较软的土体有助于减小沉降和保护桩基安全。上覆土层刚度对桩筏基础的影响规律与对单桩的影响规律相同。

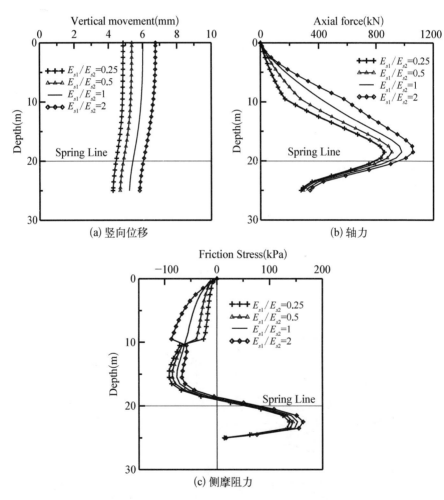

(a) 竖向位移　　(b) 轴力

(c) 侧摩阻力

图 3-29　上覆土层刚度对邻近隧道被动单桩竖向影响

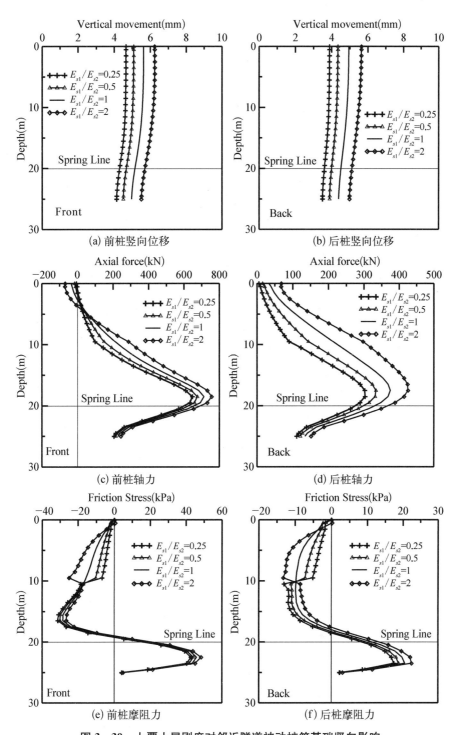

图 3‑30　上覆土层刚度对邻近隧道被动桩筏基础竖向影响

B. 三层地基

从双层地基的分析可以知道,土层模量比对邻近隧道的被动桩筏基础的影响规律与对邻近隧道的被动单桩的影响规律相同,因此,这里仅考虑三层地基中地基模量比对邻近隧道被动单桩的影响。图 3-31 所示为在三层土体地基中隧道开挖对单桩影响的计算模型。其中三层土土层模量比 $E_{s1}:E_{s2}:E_{s3}$ 分别设置为 1:2:4,1:4:2,2:1:4,2:4:1,4:1:2 和 4:2:1。其他参数见表 3-3。

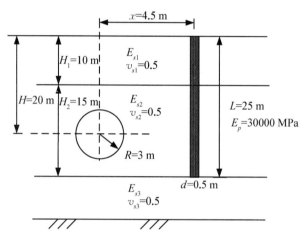

图 3-31 三层体系示意图

表 3-3 三层体系中计算参数

	其 他 参 数									
L (m)	R (m)	ε_0	H_1 (m)	H_2 (m)	E_p (GPa)	v_s	v_p	x (m)	H/L	d (m)
20	3	1%	10	15	30	0.5	0.25	4.5	0.8	0.5

图 3-32 所示为三层地基体系中土层模量比对邻近隧道的被动单桩的影响的计算结果。隧道所在土层的刚度对桩基的影响较大,而隧道所在土层的上覆土层和下卧土层的刚度变化对邻近隧道的被动桩基的影响较小。特别是当隧道所在土层刚度保持一致时,其他土层刚度变化时,轴力和侧摩阻力基本保持不变。与双层地基体系相同,多层地基中土层模量比对邻近隧道被动桩筏基础的影响规律可以参考邻近隧道被动单桩的影响规律。

3. 桩基排列

对桩筏基础本身的参数对邻近隧道被动桩筏基础的影响,Kitiyodom 等

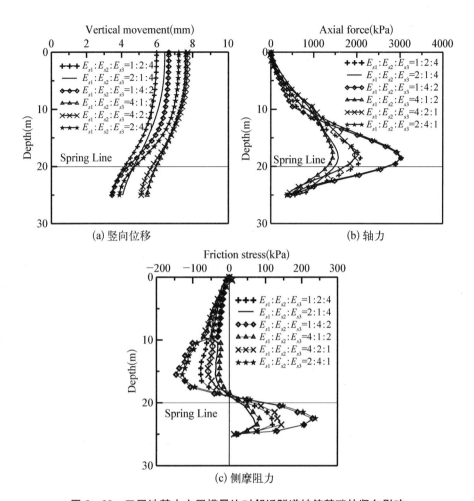

图 3-32　三层地基中土层模量比对邻近隧道桩筏基础的竖向影响

(2005)做了比较多的研究,如桩基设计中比较关心的长径比等,本节针对桩筏基础中桩基的排列对邻近隧道的被动桩筏基础的影响展开研究。

如图 3-33 和图 3-34 所示,分层地基中邻近隧道六根桩桩筏体系,将六根桩排列为 3×2 桩筏(图 3-33)和 2×3 桩筏(图 3-34)两种形式。利用本书程序分别计算该两种排列方式中桩基的受力特性,研究排列方式对邻近隧道的被动桩筏基础的影响。

图 3-35 所示为层状地基中隧道开挖对 3×2 桩筏基础的计算结果。从图上可以看出,该桩筏基础中基桩受力特性和前后桩差异均与 2×2 桩筏基础类似,同排桩基的受力特性基本一致。图 3-36 所示为 2×3 桩筏基础的计算结

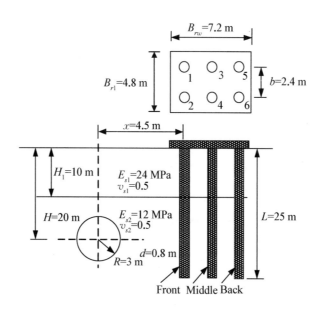

图 3‑33 层状地基中邻近隧道 3×2 桩筏基础

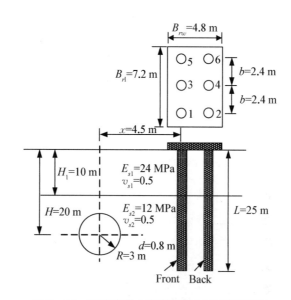

图 3‑34 层状地基中邻近隧道 2×3 桩筏基础

果。从图上可以看出该桩筏基础中基桩受力特性和前后桩差异也与 2×2 桩筏
基础类似。两侧边桩的受力特性基本一致,但是中间一排桩(即桩 3 和桩 4)的
沉降略大于边桩,且侧摩阻力和轴力都要略小于边桩。这说明中心桩处土体所

受遮拦效应较小,而边桩处土体所受遮拦效应较大。当在不考虑桩体变形对遮
拦效应影响时,中心桩处遮拦位移应比边桩大,本书考虑了桩基最终变形状态
对遮拦效应的影响,即桩体变形对遮拦效应的影响后,中心桩处遮拦效应反而
变小,这说明了桩体变形对遮拦效应有明显的削减作用。这也说明,相对遮拦
效应来讲,桩体变形对遮拦效应的削减作用对距离更为敏感,随着距离减小,
这种削减作用迅速增大,增大的速率超过了遮拦效应的增大速率,从而导致遮
拦效应随距离减小不增大反而减小。因此,在进行竖向被动群桩的分析时,必
须考虑这种削减作用。

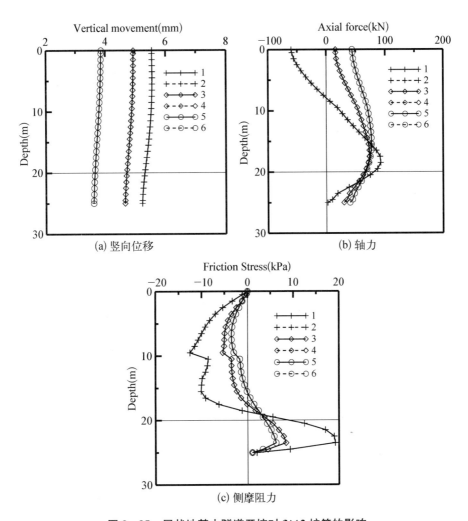

图 3 - 35　层状地基中隧道开挖对 3×2 桩筏的影响

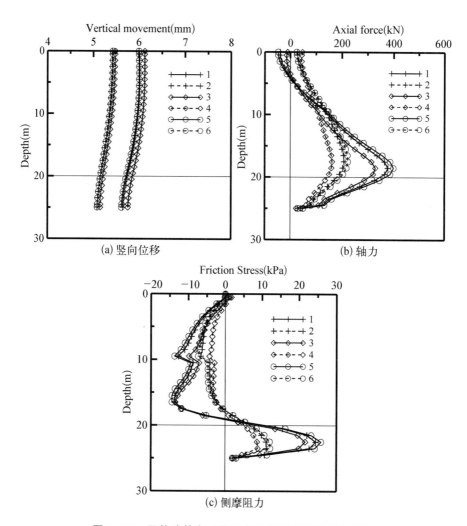

图 3‑36　层状地基中隧道开挖对 2×3 桩筏的竖向影响

3.4　分层地基中隧道开挖对桩筏
基础的水平向影响

　　隧道开挖对桩筏基础的影响除了竖向以外,还具有明显的水平向的影响,本节将建立隧道开挖对桩筏基础水平向影响的分析方法并验证其正确性。

3.4.1　计算方法的建立

1. 隧道开挖对单桩的水平影响

与竖向单桩建立的方法一样,假定单桩长为 L,桩的直径 d,桩端直径为 d_b,桩顶受水平力 P 和玩具 M 的作用,把桩分成 n 个单元,$\delta = L/n$。以桩侧阻力为未知量,分别取桩周土和单桩建立节点的位移方程,根据桩土之间的位移相容条件,建立平衡方程,解得桩身各节点处的阻力,然后可求出各节点处的位移。

A. 桩身平衡方程

单桩桩身的分析与第 2 章中水平向单桩分析一致,建立桩身平衡方程:

$$\{q\} + \frac{E_p I_p}{\delta^4}[I_{pL}] \cdot \{u_p\} = \{Y_L\} \tag{3-12}$$

B. 土体平衡方程

如图 3-37 所示,假设隧道开挖引起的桩轴线处土体自由场水平向位移向量为 $\{S_x\}$,且桩身位移与桩侧土位移协调,桩土界面的实际位移为 $\{u_p\}$,即桩的存在将减小土体位移,由桩周力引起的土体位移为 $\{S_x\} - \{u_p\}$,则可得到土体的位移方程:

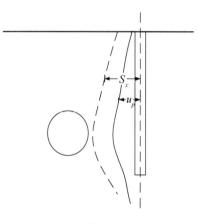

图 3-37　土体水平位移示意图

$$\{S_x\} - \{u_p\} = [I_{sL}]\{q\} \tag{3-13}$$

式中,$\{S_x\} = \{S_{x,1} \quad S_{x,2} \quad S_{x,3} \quad \cdots \quad S_{x,n} \quad S_{x,n+1}\}^T$,其他参数可见第 2 章中水平单桩分析。

C. 整体平衡方程

最后,将式(3-12)和式(3-13)联立,可以得到单桩的整体差分方程:

$$\left([I] + \frac{E_p I_p}{\delta^4}[I_{pL}][I_{sL}]\right)\{q\} = \{Y_L\} - \frac{E_p I_p}{\delta^4}[I_{pL}]\{S_x\} \tag{3-14}$$

式中,$[I]$ 为单位阵。

通过式(3-14)求出桩周水平阻力 $\{q\}$ 之后,可以求出桩身水平位移 $\{u_p\}$ 及桩身转角和附加弯矩。

2. 层状地基中隧道开挖对群桩基础的水平影响

与竖向分析一样,采用第 2 章中的方法考虑桩桩相互作用和加筋效应,这里主要讨论水平向遮拦效应的影响。基于层状体系弹性理论法,分析群桩的水平遮拦效应,如图 3-8 所示。由于桩 1 的存在在桩 2 位置处的土体遮拦位移为

$$\{\Delta S_{x2}^1\} = \{\Delta S_{x2,1}^1 \quad \cdots \quad \Delta S_{x2,j}^1 \quad \cdots \quad \Delta S_{x2,n+1}^1\} \tag{3-15}$$

式中,

$$\Delta S_{x2,j}^1 = \sum_{i=1}^{n+1} I_{ji}^{21} q_i^1$$

其中,$\Delta S_{x2,j}^1$ 为由于桩 1 的存在在桩 2 第 j 段位置处的土体水平遮拦位移,I_{ji}^{21} 为桩 1 第 i 段的单位桩侧阻力引起的桩 2 第 j 段位置处的土体水平遮拦位移,q_i^1 为桩 1 第 i 段的桩侧阻力,分层地基中 I_{ji}^{21} 可以通过式第 2 章弹性层状体系基本解求解。

假设被动群桩桩数为 m,则桩 2 处的土体遮拦位移为

$$\Delta S_{x2} = \sum_{k=1, k\neq 2}^{m} \Delta S_{x2}^k \tag{3-16}$$

所以,桩 2 处土体位移为 $\{u_z\}-\{\Delta S_{x2}\}$,则桩 2 的整体差分方程为

$$\left([I]+\frac{E_p I_{pile}}{\delta^4}[I_p][I_s]\right)\{p\} = \{Y\} - \frac{E_p I_{pile}}{\delta^4}[I_p](\{u_x\}-\{\Delta S_x\}) \tag{3-17}$$

同理可以列出其他桩的整体方程,联立 m 个方程求解,则可以求得各桩的附加位移和内力。

3. 层状地基中隧道开挖对桩筏基础的水平影响

考虑筏板与土的相互作用以及筏板与桩的相互作用,根据桩土筏位移协调以及筏板上外力为 0,引入如下四个约束条件:① 筏板最终水平位移、土体顶部水平位移和桩顶水平位移三者相等;② 筏板最终转角和桩顶转角相等;③ 桩土单元对筏板水平作用力之和为 0;④ 桩土单元对筏板弯矩之和为 0。组合这四个约束条件,可表示为

$$
\begin{bmatrix}
D_{1p}-D_{1p} \\
\vdots \\
D_{1p}-D_{ip} \\
\vdots \\
D_{1p}-D_{mp} \\
u_{1p}-u_{(m+1)p} \\
\vdots \\
u_{1p}-u_{(m+j)p} \\
\vdots \\
u_{1p}-u_{(m+n)p} \\
0
\end{bmatrix}
=
\begin{bmatrix}
\alpha_{11} & \cdots & \alpha_{1g} & \cdots & \alpha_{1m} & \beta_{11} & \cdots & \beta_{1t} & \cdots & \beta_{1n} & -I \\
\vdots & & \vdots & & \vdots & \vdots & & \vdots & & \vdots & \vdots \\
\alpha_{i1} & \cdots & \alpha_{ig} & \cdots & \alpha_{im} & \beta_{i1} & \cdots & \beta_{it} & \cdots & \beta_{in} & -I \\
\vdots & & \vdots & & \vdots & \vdots & & \vdots & & \vdots & \vdots \\
\alpha_{m1} & \cdots & \alpha_{mg} & \cdots & \alpha_{mm} & \beta_{m1} & \cdots & \beta_{mt} & \cdots & \beta_{mn} & -I \\
\kappa_{11} & \cdots & \kappa_{1g} & \cdots & \kappa_{1m} & \eta_{11} & \cdots & \eta_{1t} & \cdots & \eta_{1n} & -\rho \\
\vdots & & \vdots & & \vdots & \vdots & & \vdots & & \vdots & \vdots \\
\kappa_{j1} & \cdots & \kappa_{jg} & \cdots & \kappa_{jm} & \eta_{j1} & \cdots & \eta_{jt} & \cdots & \eta_{jn} & -\rho \\
\vdots & & \vdots & & \vdots & \vdots & & \vdots & & \vdots & \vdots \\
\kappa_{n1} & \cdots & \kappa_{ng} & \cdots & \kappa_{nm} & \eta_{n1} & \cdots & \eta_{nt} & \cdots & \eta_{nn} & -\rho \\
I & \cdots & I & \cdots & I & \delta & \cdots & \delta & \cdots & \delta & 0
\end{bmatrix}
\begin{bmatrix}
Q_1 \\
\vdots \\
Q_g \\
\vdots \\
Q_m \\
P_{s1} \\
\vdots \\
P_{st} \\
\vdots \\
P_{sn} \\
D_1
\end{bmatrix}
$$

$$(3-18)$$

式中，

$$D_{ip}=\begin{bmatrix} u_{ip} \\ \theta_{ip} \end{bmatrix}$$

$$D_1=\begin{bmatrix} u_1 \\ \theta_1 \end{bmatrix}$$

$$Q_g=\begin{bmatrix} P_g \\ M_g \end{bmatrix}$$

$$I=\begin{bmatrix} 1 & 0 \\ 0 & 1 \end{bmatrix}$$

$$\delta=\begin{bmatrix} 1 \\ 0 \end{bmatrix}$$

$$\rho=\begin{bmatrix} 0 & 1 \end{bmatrix}$$

$$\alpha_{ig}=\begin{cases} \begin{bmatrix} \gamma_{up}^{ig} & \gamma_{uM}^{ig} \\ \gamma_{\theta p}^{ig} & \gamma_{\theta M}^{ig} \end{bmatrix} & i\neq g \\[3ex] \begin{bmatrix} \gamma_{up}^{ig} & \gamma_{uM}^{ig} \\ \gamma_{\theta p}^{ig} & \gamma_{\theta M}^{ig} \end{bmatrix}-\sum_{k=1,\,k\neq i}^{m}\begin{bmatrix} \omega_{up}^{ik} & \omega_{uM}^{ik} \\ \omega_{\theta p}^{ik} & \omega_{\theta M}^{ik} \end{bmatrix} & i=g \end{cases}$$

$$\beta_{it} = \begin{bmatrix} \gamma_{up}^{i(m+t)} \\ \gamma_{\theta p}^{i(m+t)} \end{bmatrix}$$

$$\kappa_{jg} = \begin{bmatrix} \gamma_{up}^{(m+j)g} & \gamma_{uM}^{(m+j)g} \end{bmatrix}$$

$$\eta_{jt} = \begin{cases} \gamma_{up}^{(m+j)(m+t)} & j \neq t \\ \gamma_{up}^{(m+j)(m+t)} - \sum_{k=1}^{m} \omega_{up}^{(m+j)k} & j = t \end{cases}$$

u_{ip} 为第 i 个单元顶部(桩顶或者土顶)的水平被动位移;θ_{ip} 为第 i 个单元顶部(桩顶)的被动转角;u_1 和 θ_1 为桩 1 顶部由于筏板和桩的内力产生的主动位移和转角;P_g 和 M_g 为第 g 根桩与筏板之间的相互水平作用力和弯矩;P_{st} 为第 t 个土单元和筏板之间的相互水平作用力;γ_{up}^{ig} 为在 g 单元顶部作用单位水平力时在 i 单元顶部产生的水平位移;γ_{uM}^{ig} 为在 g 单元顶部作用单位弯矩时在 i 单元顶部产生的水平位移;$\gamma_{\theta p}^{ig}$ 为在 g 单元顶部作用单位水平力时在 i 单元顶部产生的转角;$\gamma_{\theta M}^{ig}$ 为在 g 单元顶部作用单位弯矩时在 i 单元顶部产生的水平位移;ω_{up}^{ik} 为 i 单元顶部作用单位水平力 k 单元存在时在 i 单元处的遮拦水平位移;ω_{uM}^{ik} 为 i 单元顶部作用单位弯矩 k 单元存在时在 i 单元处的遮拦水平位移;$\omega_{\theta p}^{ik}$ 为 i 单元顶部作用单位水平力 k 单元存在时在 i 单元处的遮拦转角;$\omega_{\theta M}^{ik}$ 为 i 单元顶部作用单位弯矩 k 单元存在时在 i 单元处的遮拦转角;m 为桩总数,n 为土单元总数。

3.4.2 计算方法的验证

根据 3.4.1 节的方法,编制 Fortran 程序来计算层状地基中隧道开挖对桩筏基础的水平影响。与竖向分析一样,将该程序计算结果和已有方法的结果、DCFEM 的计算结果以及实验结果进行对比来验证该程序的正确性。

1. 均质地基中隧道开挖对单桩的水平影响

采用本书方法对如图 3-9 所示问题进行计算,分别设定地层损失比 ε_0 为 1%、2.5% 和 5% 计算隧道开挖使邻近单桩产生的附加变形和内力,并与 Xu 和 Poulos(2001)以及 Kitiyodom 等(2005)的结果进行对比。

图 3-38 所示为单桩本书计算结果和已有方法计算结果的比较。从图上可以看出,无论是桩身附加水平位移还是桩身附加弯矩,本书计算结果与 Xu 和 Poulos(2001)利用边界元计算的结果以及 Kitiyodom 等(2005)采用 Mindlin 解计算的结果均基本一致。

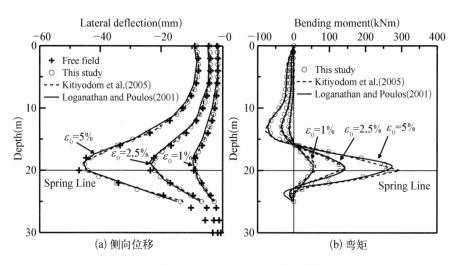

图 3‑38 均质地基中隧道开挖对单桩水平影响

2. 均质地基中隧道开挖对群桩基础的水平影响

如图 3‑11 所示,采用本书方法和 DCFEM 方法对隧道开挖对邻近 2×2 群桩基础的水平影响进行分析,地层损失比取为 1%,其他参数见图中所示。

隧道开挖对邻近群桩基础的水平影响的计算结果如图 3‑39 所示。从本书方法计算结果和 DCFEM 计算结果对比可见,本书方法与 DCFEM 方法结果具有较好的一致性,只有在隧道轴线附近有较小的差别。可以归纳出本书方法是可靠的。

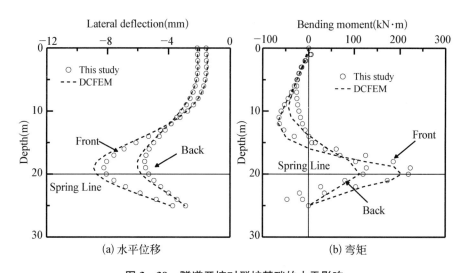

图 3‑39 隧道开挖对群桩基础的水平影响

图 3-40 中将图 3-11 中所示隧道开挖对群桩基础的影响和离隧道相同距离处单桩的影响进行了对比,从图上可以看到群桩效应对水平位移的影响很小,单桩的水平位移与群桩的水平位移基本一致。但是群桩效应对弯矩还是具有一定影响,虽然对前桩弯矩基本与单桩时的弯矩一致,但是对于后桩,弯矩反而增大,群桩效应对水平桩的自身承载力具有一定的削弱作用。

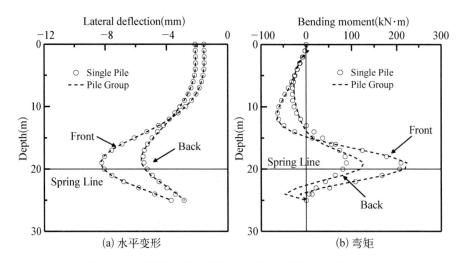

图 3-40　隧道开挖对群桩水平影响和单桩水平影响对比

3. 均质地基中隧道开挖对高承台群桩基础的水平影响

利用本书程序计算如图 3-14 所示 2×2 的桩筏基础,参数与竖向分析中相同。不考虑筏板和土的相互作用,桩顶部受承台约束。计算中,地层损失比取为 1%。

图 3-41 所示为均质地基中隧道开挖对邻近高承台群桩基础的水平影响的计算结果。Xu 和 Poulos(2001)以及 Kitiyodom 等(2005)也分别对该问题进行了研究,这里将本书计算结果和 Xu 和 Poulos(2001)以及 Kitiyodom 等(2005)的结果进行了对比。从图上可见,本书方法计算桩身位移与 Xu 和 Poulos(2001)利用边界元的计算结果以及 Kitiyodom 等(2005)利用 Mindlin 解计算结果一致。桩身弯矩与 Kitiyodom 等(2005)结果较为一致,但是在桩头附近,与已有计算结果稍有差异,这可能是因为没有考虑竖向荷载对桩筏基础的影响。

4. 均质地基中隧道开挖对桩筏基础的水平影响

同样采用图 3-14 中的模型,考虑筏板和土的相互作用(桩筏基础),地层损失比取 4.69%,其他计算参数与计算高承台群桩时一致,分析均质地基中隧道

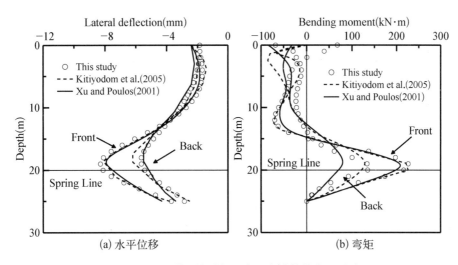

图 3－41　隧道开挖对邻近高承台桩基的水平影响

开挖对邻近桩筏基础的水平向影响。

　　图 3－42 所示为均质地基中隧道附近桩筏基础的计算结果,从图上可见,除了桩顶附近,本书方法计算所得桩身的水平变形和弯矩均与 Kitiyodom 等(2005)计算所得结果相当接近,而桩顶附近的差异应当为未考虑水平和竖向耦合作用所致。

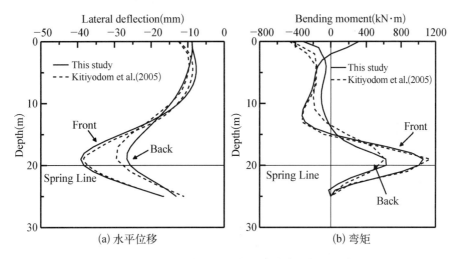

图 3－42　均质地基中隧道开挖对桩筏水平影响

　　5. 分层地基中隧道开挖对单桩的水平影响

　　计算如图 3－17 所示双层地基中隧道开挖对邻近单桩影响的问题,采用本书方法和 DCFEM 方法对隧道开挖引起的单桩的水平向附加变形和内力进行计算研究,其中地层损失比取为1%。

分层地基中单桩的计算结果如图3-43所示。从图上可见本书方法与DCFEM方法计算结果较为接近,可见本书方法计算结果是正确的。

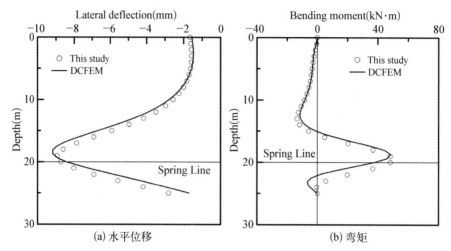

图3-43 层状地基中隧道开挖对邻近单桩的水平影响

6. 分层地基中隧道开挖对桩筏基础的水平影响

计算模型如图3-19所示,计算中,地层损失比取1%。层状地基中隧道开挖对桩筏基础影响计算结果如图3-44所示,从图上可见本书方法计算结果与DCFEM方法的计算结果较为接近,由于没有考虑筏板的竖向约束,桩头位置处的计算结果与DCFEM稍有差距。

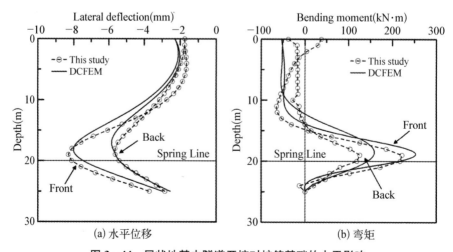

图3-44 层状地基中隧道开挖对桩筏基础的水平影响

7. 离心试验验证

同样对图 3 - 21 中所示 Ong 等 (2006)在新加坡国立大学的离心试验进行计算,图 3 - 45 为离心试验计算结果,可见本书计算结果和试验实测结果是比较接近的。

基于以上几个典型算例,通过与既有计算结果、DCFEM 和离心试验结果的对比验证,证明水平被动桩的分析程序是正确的。

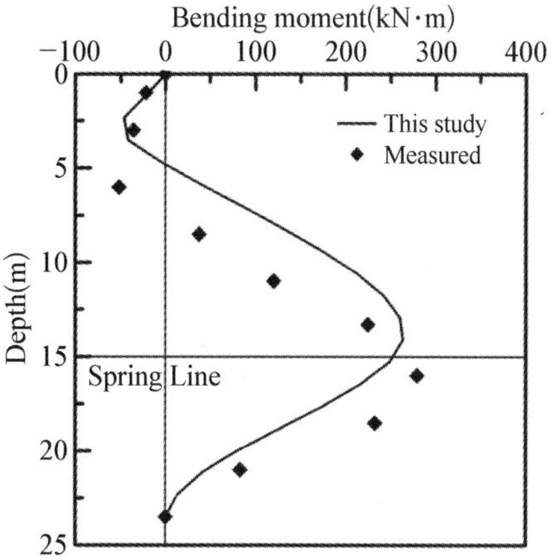

图 3 - 45　离心试验计算结果

3.4.3　水平影响参数分析

类似于竖向影响参数分析,以下对隧道开挖对邻近桩筏基础水平向影响进行参数分析。

1. 隧道相关的参数

与竖向分析相同,此处对隧道埋深、隧道与桩基的距离以及隧道开挖面地层损失比进行研究。分析中计算参数如表 3 - 1 所列。

A. 隧道与桩的距离(x)

采用均质地基中隧道开挖对单桩的影响分析模型(图 3 - 9),令隧道与桩的距离为研究对象,分别将距离设置为 0、4.5、9、13.5 m,其他计算参数如表 3 - 1 所列。

从图 3 - 46 可见,随着距离的增大,弯矩随之减小。由于距离为 0 时,隧道刚好在桩基底部,所以,水平变形和弯矩为 0,虽然最大水平位移随着距离的增加也减小,但是,桩顶的水平位移随着距离的增加反而增加。

B. 隧道埋深

为了明确隧道位置与桩长的关系,本书利用隧道埋深与桩长的比值(H/L)来表示隧道埋深,分别设置 H/L 为 0.2、0.6、1.0 和 1.4 计算隧道周边单桩受力特性,其他计算参数如表 3 - 1 所列。

从图 3 - 47 可以看到桩基水平位移在 $H/L = 0.2$、0.6、1 时均较大,弯矩最大值出现在 $H/L = 0.6$ 时。说明在隧道选线时需要根据两个标准来控制对周边建筑的影响,首先,为了减少邻近建筑的变形,隧道应避免在桩身埋深位置穿越,其次,为了保护桩身自身的安全,隧道应避免从桩基中部位置穿越,隧道埋深

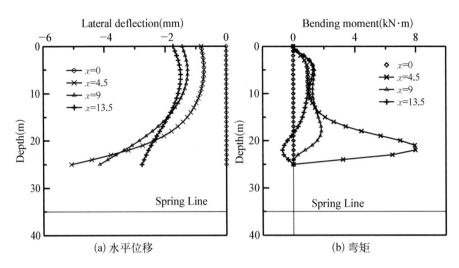

图 3 - 46　隧道与桩的距离对被动桩的水平影响

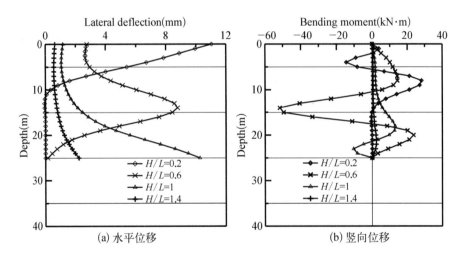

图 3 - 47　隧道埋深对被动桩基的水平影响

在桩底以下对减少桩基水平响应具有较大的帮助。

C. 地层损失比

本书方法中,隧道的施工方法和质量主要反映在地层损失比上。因此,本书也对地层损失比对被动桩基的影响进行了分析,分析中,地层损失比分别设置为1%、2%、3%、4%和5%,其他参数见表3-1。

如图3-48所示,桩身水平位移和弯矩都随着地层损失比的增加而增加,图3-49显示,最大桩身水平位移和弯矩随着地层损失比线性增长。所以,选用合

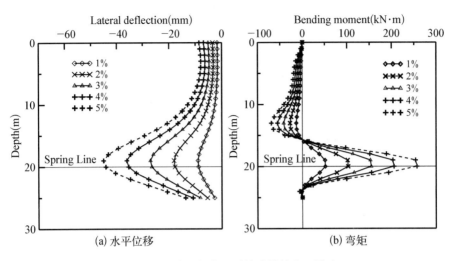

图 3-48 地层损失比对被动桩的水平影响

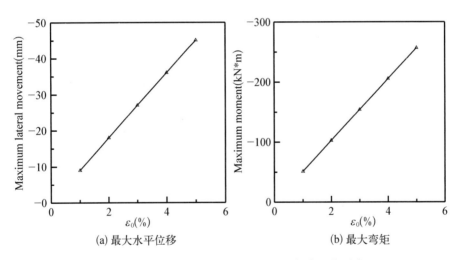

图 3-49 地层损失比对最大水平位移与弯矩的影响

理的施工方法、控制施工质量有助于减少隧道开挖对邻近桩基的影响。

2. 土层分布

如前文所述,与竖向分析类似,本书拟对两层土和三层土体系中,土层的弹性模量比对邻近隧道的被动桩基的水平向影响进行分析。

A. 双层地基

如图 3-17 所示双层土体体系,设置上、下土层的模量比为 0.25、0.5、1 和 2,其他参数如表 3-2 所列。分两部分考察土层模量比对邻近隧道被动桩基的水平向影响,第一部分维持上层土弹性模量不变,改变土层模量比;第二部分维持下层土弹性模量不变,改变土层模量比。

a. 下卧土层模量影响

在该部分,设置上覆土层的模量为 24 MPa,下卧层土的模量随着上、下土层的模量比的变化而改变。

图 3-50 和图 3-51 所示分别为双层地基中下卧土层模量对邻近隧道的被动单桩和桩筏的水平向影响。从图上可见,虽然桩身变形和内力沿着桩身的分布规律基本一致,但是数值上随着上、下土层模量比 E_{s1}/E_{s2} 的变化而变化。从图上可见,随着上、下土层模量比 E_{s1}/E_{s2} 的增大,桩身水平位移和弯矩都随之增加。而且可以看到,下卧土层模量的变化对桩身的内力和水平位移的影响主要集中于分布于下卧土层中的桩段,对于上覆土层中的桩段仅竖向位移影响较大。这与竖向分析的结果一致。从图上可见,下卧土层的刚度对桩筏基础的影响规律与对单桩的影响规律是一致的,且下卧土层刚度对前桩的水平位移和弯矩的影响较为显著,而对后桩的水平位移和弯矩的影响较小。

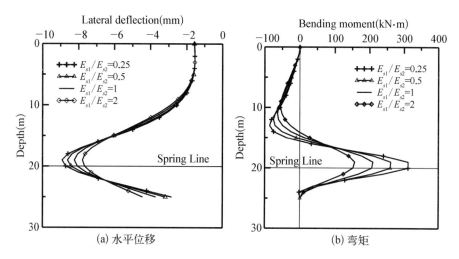

图 3-50 下卧土层刚度对邻近隧道桩筏基础的水平影响

b. 上覆土层模量影响

在该部分,在双层地基中设置下卧土层的模量为 24 MPa,上覆层土的模量随着上、下土层的模量比的变化而改变。

图 3-52 和图 3-53 所示分别是双层地基中上覆土层刚度对邻近隧道的单桩和桩筏基础的影响的计算结果。从图上可见,无论是桩身位移还是内力,都随

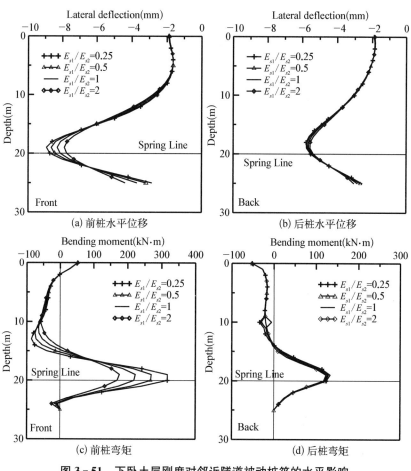

图 3‑51　下卧土层刚度对邻近隧道被动桩筏的水平影响

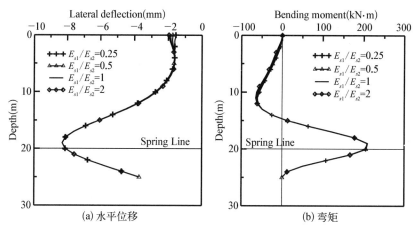

图 3‑52　上覆土层刚度对邻近隧道被动单桩水平影响

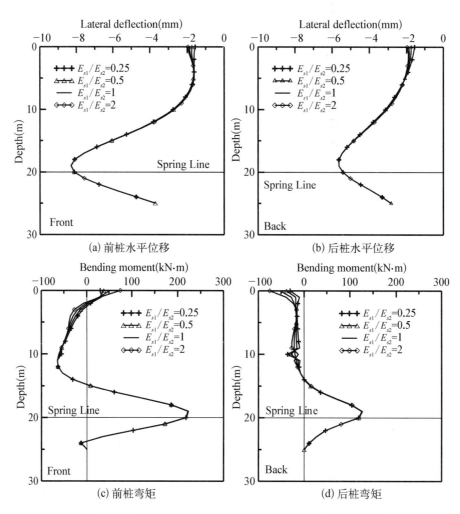

图 3‐53 上覆土层刚度对邻近隧道被动桩筏基础水平影响

着上、下土层模量比 E_{s1}/E_{s2} 的增大而增大,与竖向分析时结论一致,而且可以看到上覆土层的刚度对桩基的水平位移和弯矩几乎没有影响。同样,上覆土层刚度对桩筏基础的影响规律与对单桩的影响规律相同。

B. 三层地基

从双层地基的分析可以知道,土层模量比对邻近隧道的被动桩筏基础的水平向影响规律与对邻近隧道的被动单桩的水平向影响规律相同,因此,本处仅考虑三层地基中地基模量比对邻近隧道被动单桩的影响。采用图 3‐31 所示三层土体地基中隧道-桩-土计算模型分析三层土中隧道开挖对邻近单桩的水平向影响。其中三层土土层模量比 E_{s1}：E_{s2}：E_{s3} 分别设置为 1：2：4，1：4：2，2：1：4，2：4：1，4：1：2 和 4：2：1。其他参数见表 3-3。

　　图 3-54 所示为三层地基体系中土层模量比对邻近隧道的被动单桩的水平向影响的计算结果。土层模量比对桩基水平位移以及弯矩的影响较小，隧道所在土层的刚度对桩基的影响较大，而隧道所在土层的上覆土层和下卧土层的刚度变化对邻近隧道的被动桩基的影响较小。当隧道所在土层刚度保持一致时，其他土层刚度变化时，桩身弯矩基本保持不变。这与竖向分析所得规律一致。与双层地基体系相同，多层地基中土层模量比对邻近隧道被动桩筏基础的影响规律可以参考邻近隧道被动单桩的影响规律。

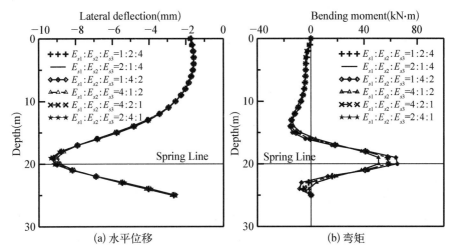

图 3-54　三层地基中土层模量比对邻近隧道桩筏基础的水平影响

3. 桩基排列

　　与竖向分析相同，对如图 3-41 和图 3-42 所示两种桩基排布体系进行计算分析。

　　图 3-55 所示为层状地基中隧道开挖对 3×2 桩筏基础的计算结果。从图上可以看出，该桩筏基础中基桩水平受力特性和前、后桩水平响应差异均与 2×2 桩筏基础类似，同排桩基的受力特性基本一致。图 3-56 所示为 2×3 桩筏基础的计算结果。从图上可以看出，该桩筏基础中基桩受力特性和前、后桩差异也与 2×2 桩筏基础类似。桩基排列对桩筏基础中基桩的水平向受力特性的影响规律与竖向分析一致。

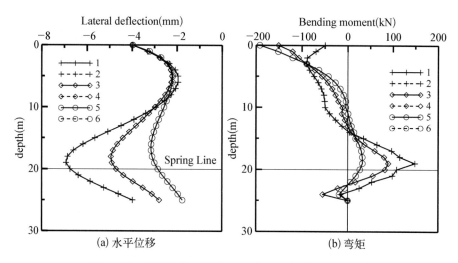

图 3-55 层状地基中隧道开挖对 3×2 桩筏的水平影响

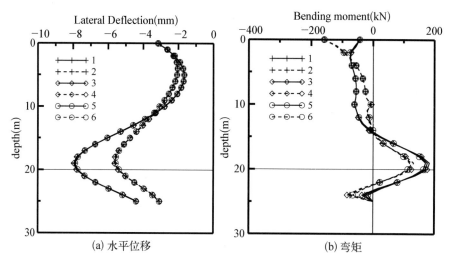

图 3-56 层状地基中隧道开挖对 2×3 桩筏的影响

3.5 考虑水平与竖向耦合的隧道开挖对 桩筏基础的影响

从上述分析可见,筏板对桩的约束对桩基础的受力特性具有一定的影响,而筏板的约束作用主要体现在桩顶附近桩基的内力。筏板对桩基的竖向约束对水平向受力特性有影响,而水平约束对桩基的竖向受力特性也有影响,因此有必要研究竖向和水平向耦合时隧道开挖对邻近桩筏基础的影响特性。

3.5.1　计算方法的建立

当考虑竖向和水平向的耦合作用时,本书考虑桩基桩顶竖向力在筏板上产生的弯矩,由于被动桩筏分析中筏板转角往往很小,因此,本书忽略了桩顶水平力在筏板上产生的弯矩。与 3.4.1 节中筏板分析类似,建立耦合作用下桩筏基础的计算公式,如下:

$$
\begin{Bmatrix} E_1 \\ \vdots \\ E_i \\ \vdots \\ E_m \\ F_1 \\ \vdots \\ F_j \\ \vdots \\ F_n \\ 0 \end{Bmatrix} = \begin{bmatrix} A_{11} & \cdots & A_{1i} & \cdots & A_{1m} & B_{11} & \cdots & B_{1j} & \cdots & B_{1n} & -J_1^{\mathrm{T}} \\ \vdots & & \vdots & & \vdots & \vdots & & \vdots & & \vdots & \vdots \\ A_{i1} & \cdots & A_{ii} & \cdots & A_{im} & B_{i1} & \cdots & B_{ij} & \cdots & B_{in} & -J_i^{\mathrm{T}} \\ \vdots & & \vdots & & \vdots & \vdots & & \vdots & & \vdots & \vdots \\ A_{m1} & \cdots & A_{mi} & \cdots & A_{mm} & B_{m1} & \cdots & B_{mj} & \cdots & B_{mn} & -J_m^{\mathrm{T}} \\ C_{11} & \cdots & C_{1i} & \cdots & C_{mi} & D_{11} & \cdots & D_{1j} & \cdots & D_{1n} & R_1 \\ \vdots & & \vdots & & \vdots & \vdots & & \vdots & & \vdots & \vdots \\ C_{j1} & \cdots & C_{ji} & \cdots & C_{jm} & D_{j1} & \cdots & D_{jj} & \cdots & D_{jn} & R_j \\ \vdots & & \vdots & & \vdots & \vdots & & \vdots & & \vdots & \vdots \\ C_{n1} & \cdots & C_{ni} & \cdots & C_{nm} & D_{n1} & \cdots & D_{nj} & \cdots & D_{nn} & R_n \\ J_1 & \cdots & J_i & \cdots & J_m & I_1 & \cdots & I_j & \cdots & I_n & 0 \end{bmatrix} \begin{Bmatrix} P_1 \\ \vdots \\ P_i \\ \vdots \\ P_m \\ N_1 \\ \vdots \\ N_j \\ \vdots \\ N_n \\ EE_1 \end{Bmatrix}
$$

$$(3-19)$$

式中:

$$
EE_1 = \begin{bmatrix} u_1 \\ \theta_1 \\ w_1 \end{bmatrix}
$$

$$
E_i = \begin{bmatrix} u_{1p} - u_{ip} \\ \theta_{1p} - \theta_{ip} \\ w_{1p} - w_{ip} + \theta_{1p}(x_i - x_1) \end{bmatrix}
$$

$$
F_i = \begin{bmatrix} u_{1p} - u_{jp} \\ w_{1p} - w_{jp} + \theta_{1p}(x_j - x_1) \end{bmatrix}
$$

$$P_i = \begin{bmatrix} T_i \\ M_i \\ Q_i \end{bmatrix}$$

$$N_j = \begin{bmatrix} T_j \\ Q_j \end{bmatrix}$$

$$I_j = -R_j^{\mathrm{T}} = \begin{bmatrix} 1 & 0 \\ 0 & x_i - x_1 \\ 0 & 1 \end{bmatrix}$$

$$J_i = \begin{bmatrix} 1 & 0 & 0 \\ 0 & 1 & x_i - x_1 \\ 0 & 0 & 1 \end{bmatrix}$$

$$A_{ig} = \begin{cases} \begin{bmatrix} \gamma_{up}^{ig} & \gamma_{uM}^{ig} & 0 \\ \gamma_{\theta p}^{ig} & \gamma_{\theta M}^{ig} & 0 \\ 0 & 0 & \gamma_{wq}^{ig} \end{bmatrix} & i \neq g \\[24pt] \begin{bmatrix} \gamma_{up}^{ig} & \gamma_{uM}^{ig} & 0 \\ \gamma_{\theta p}^{ig} & \gamma_{\theta M}^{ig} & 0 \\ 0 & 0 & \gamma_{wq}^{ig} \end{bmatrix} - \sum_{k=1,\, k \neq i}^{m} \begin{bmatrix} \omega_{up}^{ik} & \omega_{uM}^{ik} & 0 \\ \omega_{\theta p}^{ik} & \omega_{\theta M}^{ik} & 0 \\ 0 & 0 & \omega_{wq}^{ik} \end{bmatrix} & i = g \end{cases}$$

$$B_{ij} = \begin{bmatrix} \gamma_{up}^{ij} & 0 \\ \gamma_{\theta p}^{ij} & 0 \\ 0 & \gamma_{wq}^{ij} \end{bmatrix}$$

$$C_{ji} = \begin{bmatrix} \gamma_{up}^{ji} & \gamma_{uM}^{ji} & 0 \\ 0 & 0 & \gamma_{wq}^{ji} \end{bmatrix}$$

$$D_{jg} = \begin{cases} \begin{bmatrix} \gamma_{up}^{jg} & 0 \\ 0 & \gamma_{wq}^{jg} \end{bmatrix} & i \neq g \\[24pt] \begin{bmatrix} \gamma_{up}^{jg} & 0 \\ 0 & \gamma_{wq}^{jg} \end{bmatrix} - \sum_{k=1,\, k \neq i}^{m} \begin{bmatrix} \omega_{up}^{jg} & 0 \\ 0 & \omega_{wq}^{jg} \end{bmatrix} & i = g \end{cases}$$

式中，u_{ip} 为第 i 个单元顶部（桩顶或者土顶）的水平被动位移；θ_{ip} 为第 i 个单元顶部（桩顶）的被动转角；w_{ip} 为第 i 个单元顶部（桩顶）的被动竖向位移；u_1、θ_1 和 w_1 为桩 1 顶部由于筏板和桩的内力产生的主动水平位移、转角和竖向位移；T_i、M_i 和 Q_i 为第 i 单元（桩或土单元）与筏板之间的相互水平作用力、弯矩和竖向作用力；γ_{up}^{ig} 为在 g 单元顶部作用单位水平力时在 i 单元顶部产生的水平位移；γ_{uM}^{ig} 为在 g 单元顶部作用单位弯矩时在 i 单元顶部产生的水平位移；$\gamma_{\theta p}^{ig}$ 为在 g 单元顶部作用单位水平力时在 i 单元顶部产生的转角；γ_{uM}^{ig} 为在 g 单元顶部作用单位弯矩时在 i 单元顶部产生的水平位移；γ_{wq}^{ig} 为在 g 单元顶部作用单位竖向力时在 i 单元顶部产生的竖向位移；ω_{up}^{ik} 为 i 单元顶部作用单位水平力 k 单元存在时在 i 单元处的遮拦水平位移；ω_{uM}^{ik} 为 i 单元顶部作用单位弯矩 k 单元存在时在 i 单元处的遮拦水平位移；$\omega_{\theta p}^{ik}$ 为 i 单元顶部作用单位水平力 k 单元存在时在 i 单元处的遮拦转角；$\omega_{\theta M}^{ik}$ 为 i 单元顶部作用单位弯矩 k 单元存在时在 i 单元处的遮拦转角；ω_{wq}^{ik} 为 i 单元顶部作用单位弯矩 k 单元存在时在 i 单元处的竖向位移；x_i 为第 i 个单元的 x 坐标；m 为桩总数；n 为土单元总数。

3.5.2　计算方法的验证

前述研究中已经对分层算法的正确性进行了验证，且前述分析证明，在完全的被动桩研究中，由于筏土的分离，无需考虑筏板和土的相互作用，因此，这里仅对均质地基中高承台的竖向与水平的耦合进行验证分析。

对如图 3-14 所示模型进行计算验证，其中不考虑筏板与土的相互作用，计算中，地层损失比为 1%。

如图 3-57 所示为考虑竖向与水平向耦合后计算结果。从图上可见，后桩的竖向位移和 Kitiyodom 等（2005）以及 Xu 和 Poulos（2001）的答案一致，前桩的竖向位移规律与它们保持一致，数值上稍小，更接近 Kitiyodom 等（2005）的结果。轴力和水平向位移与 Xu 和 Poulos（2001）的结果基本一致，弯矩结果也基本与既有结果一致，仅在桩顶处与 Xu 和 Poulos（2001）结果有差异，但是规律仍然保持一致。总体上可见本书计算方法计算所得结果是正确的。表 3-4 为桩顶的位移和内力，由耦合的假设可知，前桩、后桩水平位移应相同，水平力与竖向力之和应为 0，竖向力产生的弯矩与桩顶弯矩之和应为 0。从表上可见本程序计算的正确性。

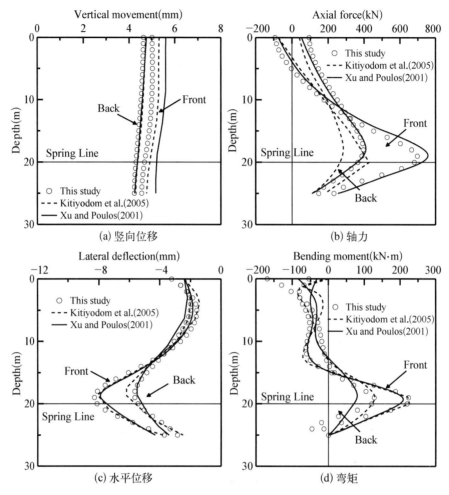

图 3-57　考虑竖向水平耦合的被动高承台群桩

表 3-4　桩顶位移与内力分布

	距隧道水平距离 （m）	竖向力 （kN）	水平力 （kN）	弯矩 （kN·m）	竖向位移 （mm）	水平位移 （mm）
前桩	4.5	−93	30	55	5	3.2
后桩	6.9	93	−30	169	4.6	3.2
合力		0	0	0		

　　图 3-58 所示为考虑竖向与水平向耦合以及不考虑竖向与水平向耦合的计算结果的对比。考虑竖向与水平向的耦合前桩的竖向位移影响较大，而对于轴

力、水平位移以及弯矩的影响仅在桩顶。前文已经指出,差异沉降是控制建筑安全的重要指标,因此,在估计被动桩筏基础的差异沉降的时候,需要考虑竖向与水平向的耦合作用。

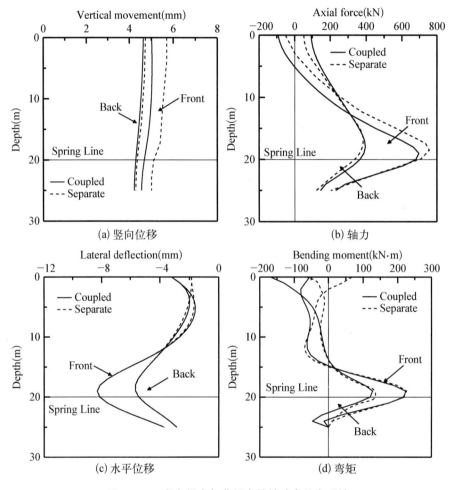

图 3-58　考虑耦合与非耦合的被动高承台群桩

3.6　本章小结

本章基于层状弹性体系基本解,首次建立了分层地基中隧道开挖对邻近桩筏基础影响的计算方法,并通过与既有方法计算结果、试验结果和 DCFEM 方法计算结果的对比验证了本书方法的正确性。最后利用本书编制的程序对影响邻近隧道的被动桩筏基础的受力特性的因素进行了参数分析,得出如下结论:

（1）桩基离隧道越远,影响越小;

（2）隧道埋深在桩长 0.5～1 倍范围内时,对桩基影响较大,该范围内,太浅则造成过大内力,太深则造成过大位移;

（3）隧道应埋置在相对较硬的下卧层对桩基影响较小,下卧层刚度过高,对保护邻近桩基并无太大帮助;

（4）回填较硬上覆土层对减少桩基附加变形和内力帮助较小;

（5）下卧层土体变化对桩基水平响应影响较大,上覆土层刚度变化则对桩基水平响应影响较小;

（6）在进行被动群桩的分析时,必须考虑桩基变形对遮拦效应的削减作用。

第4章

基于反分析法的基坑开挖对周边环境影响分析

在第 3 章中已经建立了邻近隧道的被动桩筏基础的计算方法,只要计算得到基坑开挖引起的土体自由场位移,便可按照第 3 章相同的方法计算得到邻近基坑的被动桩筏基础的响应。目前,基坑开挖引起的土体自由场位移的计算方法主要为有限单元法,而要利用有限单元法较为准确地计算土体的位移场,除了对有限单元法理论以及土体本构知识有较为充足的储备外,模型参数的选取也是重要因素。反分析方法可以有效地解决模型参数的选取问题,因此,本章将基于实测数据对基坑开挖的反分析方法进行研究,研究参数的选取方法。

4.1 反分析方法

在第 2 章中已经对反分析方法的基本概念做了介绍,本章将具体介绍本书反分析算法。本书的反分析方法,采用 Matlab 与 Macro 耦合编程,可以调用任意有限元程序,因此,在使用过程中,不必受特定土体模型和有限元程序约束。图 4-1 为该反分析算法的详细流程图。

4.1.1　控制方程与收敛准则

该程序采用加权最小二次方差方程来评估分析结果:

$$S(\boldsymbol{b}) = [\boldsymbol{y} - \boldsymbol{y}'(\boldsymbol{b})]^{\mathrm{T}} \boldsymbol{\omega} [\boldsymbol{y} - \boldsymbol{y}'(\boldsymbol{b})] = \boldsymbol{e}^{\mathrm{T}} \boldsymbol{\omega} \boldsymbol{e} \tag{4-1}$$

其中,$\boldsymbol{b}$ 为需要优化的参数向量,$\boldsymbol{y}$ 为实测结果向量,$\boldsymbol{y}'(\boldsymbol{b})$ 为计算结果向量,$\boldsymbol{\omega}$ 为权重矩阵,$\boldsymbol{e}$ 为残差向量。

非线性回归是该算法中的重要组成部分,本算法中采用修正高斯-牛顿方法

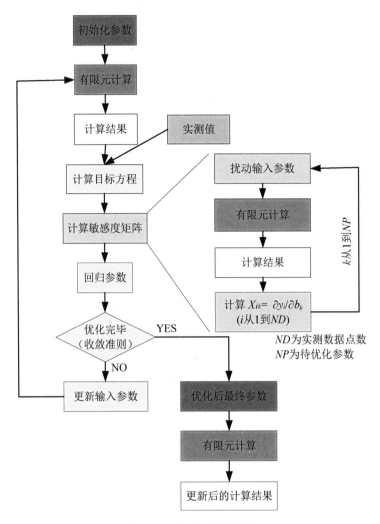

图 4 - 1 优化过程流程图

来回归参数：

$$(C^T X_r^T \omega X_r C + I m_r) C^{-1} d_r = C^T X_r^T \omega [y - y'(b_r)] \tag{4-2}$$

$$b_{r+1} = \rho_r d_r + b_r \tag{4-3}$$

其中，d_r 是用于计算 b_{r+1} 的中间变量；r 是迭代次数；X_r 是第 r 次迭代时的敏感度矩阵（$X_{ij} = \partial y_i / \partial b_j$）；$C$ 为量级对角阵，$c_{jj} = 1/\sqrt{(X^T \omega X)_{jj}}$；$m_r$ 是用来优化回归过程的参数；ρ_r 为阻尼系数。对于残差较大且具有较强的非线性问题，用 $X_r^T \omega X_r + R_r$ 来代替 $X_r^T \omega X_r$ 使目标方程更容易收敛。

因为敏感度矩阵是基于扰动理论计算的,所以,每一个迭代步都需要多次运行有限元模型。所谓扰动理论,就是在每个迭代步中,独立地对输入参数 b_r 进行微小的扰动,计算对应于参数变动的结果的扰动,然后根据向前或者中心差分计算敏感度。对于 NP 个待优化参数,每次迭代需要运行 $NP + 1$ 次有限元程序,因此,单独运行一次有限元程序的时间决定了整体优化所需要的时间。

该算法运用如下两条收敛准则来判断优化结果是否收敛以及何时停止迭代过程:

(1)迭代过程中,最大的参数变化值小于用户定义的数值,则该迭代收敛,停止迭代过程;

(2)目标方程的改变值小于用户定义的数值,则该迭代收敛,停止迭代过程。

当优化过程停止时,利用优化后参数进行最后一次计算得到最后计算结果。

4.1.2　模型拟合程度的统计

所谓模型拟合程度,是指反分析方法分析的结果的可靠性。有几种方法可以用来评估模型的拟合程度:首先,可以采用加权或者不加权的残差,以及它们的分布,比如相对时间和空间的分布,在第一次运行有限元程序的时候,结果会出现比较大的残差,这个残差被称为数据、模型或者权重中的净残差,当这种残差在反分析中被矫正到比较低的水平的时候,其他的因素相对而言就开始变得重要了。

一个比较常用的表示整体加权残差的方法是结果的方差:

$$s = \frac{S(\boldsymbol{b})}{ND - NP} \tag{4-4}$$

其中, $S(\boldsymbol{b})$ 是目标方程; ND 为实测数据点数; NP 为反分析的参数数目。

目标方程的变化是相对初始估算来说的改进值,目标方程的值也可以非正式地用来评估模型拟合的程度。目标方程的改变可以用一个新的统计量——拟合改进量(FI)来表示,定义为优化后结果改进量与初始估计值的比值的百分比。如下式所示:

$$FI = \frac{S(\boldsymbol{b})_{初始} - S(\boldsymbol{b})_{优化后}}{S(\boldsymbol{b})_{初始}} \qquad (4-5)$$

其中，$S(\boldsymbol{b})_{初始}$ 为初始估计时目标函数值；$S(\boldsymbol{b})_{优化后}$ 为优化停止时目标函数值。

同时，图形分析也可以有效地验证模型的优化结果。理想情况下，优化后加权残差的总和为 0，残差点的分布图形应该是无规律的随机分布，且其涵盖的面积的大小与计算结果无关。当画出加权测量值和加权计算值的曲线时，应该为一条截距为 0，斜率为 1 的直线。从小到大分布的加权残差和按照概率函数分布（$N(0, 1)$）的加权残差之间的关系系数定义为相关总和统计量，R_N^2 可表示如下：

$$R_N^2 = \frac{\left[(\boldsymbol{e}_0 - \boldsymbol{m})^\mathrm{T} \boldsymbol{\tau}\right]^2}{\left[(\boldsymbol{e}_0 - \boldsymbol{m})^\mathrm{T}(\boldsymbol{e}_0 - \boldsymbol{m})\right](\boldsymbol{\tau}^\mathrm{T} \boldsymbol{\tau})} \qquad (4-6)$$

其中，所有向量长度均为 ND；$\boldsymbol{m}$ 向量的左、右元素均等于加权残差的平均值；$\boldsymbol{e}_0$ 是从小到大排列的加权残差向量；$\boldsymbol{\tau}$ 向量的第 i 个元素等于概率分布函数 $N(0, 1)$ 的纵坐标值。

4.1.3　输入参数的统计量

在同时优化的输入参数中，各个参数的相对重要程度可以用以下一些统计参数来表示：敏感度、协方差、置信区间和差异系数。

敏感度可以用如下几个参数表示：百分比敏感度（dss_{ij}）、比例敏感度（ss_{ij}）或者复合敏感度（css_{ij}）。百分比敏感度表示在输入参数增加百分之一时计算值的变化；比例敏感度是与变化尺度无关的量，它可以表示计算结果相对于某个输入参数的依赖程度或者某个输入参数对计算结果的重要程度；复合敏感度可以表示某个参数对结果的影响总量。它们可以由下式表示：

$$dss_{ij} = \frac{\partial y_i'}{\partial b_j} \cdot \frac{b_j}{100} \qquad (4-7)$$

$$ss_{ij} = \left(\frac{\partial y_i'}{\partial b_j}\right) b_j \omega_{ii}^{1/2} \qquad (4-8)$$

$$css_j = \left[\frac{\sum_{j=1}^{ND} \left(\left(\frac{\partial y_i'}{\partial b_j}\right) b_j \omega_{ii}^{1/2}\right)\Big|_{\underline{b}}}{ND}\right]^{1/2} \qquad (4-9)$$

其中，y_i' 是第 i 个计算值；$\dfrac{\partial y_i'}{\partial b_j}$ 是第 i 个计算值相对于第 j 个输入参数的敏感度；b_j 是第 j 个输入参数；ω_{ii} 是第 i 个实测点的权重。

参数的可信度可以用优化后最终参数的方差-协方差来估计：

$$V(\boldsymbol{b'}) = s^2 (\boldsymbol{X}^{\mathrm{T}} \boldsymbol{\omega} \boldsymbol{X})^{-1} \tag{4-10}$$

其中 s^2 为误差方差，$V(\boldsymbol{b'})$ 对角线上的元素等于输入参数的方差，非对角线上的元素等于输入参数的协方差。其中方差对于计算参数的置信区间和变化系数尤为重要，协方差则可用来估计不同参数间的相关系数。

置信区间是一个包含被优化参数的真实值的一个可能性区间，置信区间的大小反映对参数的估计的精确度，置信区间越小，说明估计越精确。对于第 j 个输入参数，其线性置信区间可由下式计算（Hill，1994）：

$$b_j \pm t\left(n, 1.0 - \frac{\alpha}{2}\right)\sigma_j \tag{4-11}$$

式中，$t\left(n, 1.0 - \dfrac{\alpha}{2}\right)$ 是针对 n 个自由度和 α 阶重要性的学生 t 分布变量；σ_j 是第 j 个参数的标准差。

变化系数是一个与尺寸无关的并且可以反映输入参数的估计的相对精度的值。变化系数可由下式计算：

$$\mathrm{cov}_i = \frac{\sigma_i}{b_i} \tag{4-12}$$

第 i 个参数和第 j 个参数之间的相关系数可由下式计算，

$$\mathrm{cor}(i, j) = \frac{\mathrm{cov}(i, j)}{\mathrm{var}(i)^{1/2} \mathrm{var}(j)^{1/2}} \tag{4-13}$$

式中，$\mathrm{cov}(i, j)$ 是 $V(\boldsymbol{b'})$ 第 i 行第 j 列元素；$\mathrm{var}(i)$ 和 $\mathrm{var}(j)$ 是 $V(\boldsymbol{b'})$ 的第 i 行和第 j 行对角线上的元素。

相关系数接近 -1 或 1 的两个参数不能同时被优化。

4.1.4　测量值权重

测量值的权重会直接影响目标方程的值，也会影响回归结果，所以，在反分析过程中是一个非常重要的因素。本书使用的权重是一个对角阵，可以增加相对较为精确的测量值的影响,减少相对不是很精确的测量值的影响。对于具有几种不同类型的测量结果,权重可以使不同类型的测量值误差调整到同一个量级上。在本书中,每个测量点的权重值等于该点的测量值的标准差的倒数:

$$\omega_{ii} = \frac{1}{\sigma_i^2}$$
(4-14)

4.1.5 优化过程中对参数的限制

在优化过程中,有些输入参数的值可能有某些限制,程序使用者不能随意设置该参数的上下限。Hill 等(1998)指出,这有可能是模型的不精确性的另一种表现。事实上,造成反分析结果不符合实际的原因主要可能有两个:(1)模型中还有基本的错误;(2)测量值包含的信息量不足以合理估计输入参数。对于第一种情况,就需要使用者仔细排查模型中可能存在的问题。而对于第二种情况,可以对需优化的参数进行拆分,或者使用参数值的初始信息。使用参数值的初始信息就是在回归过程中使用参数的直接测试结果,将其作为实测值中的某个实测点,使优化后的参数接近某个特定的值。

在实际岩土工程问题中,很多参数都有其自然的限制。很多模型中的很多参数值必须是正值(比如杨氏模量、黏聚力),有些具有上、下限(比如泊松比、内摩擦角)。因此,在程序使用过程中,使用者需要指定某些被优化输入参数的上、下限,或者可以使用有界方程来代替实际的输入参数。比如可以用如下双曲线方程表示输入参数 x:

$$f(x) = y_1 + \frac{e^x}{\dfrac{e^x}{y_2 - y_1} + \dfrac{1}{Tan}}$$
(4-15)

其中,x 是待估计参数,y_1 是 x 的下限,y_2 是 x 的上限,Tan 是曲线在 $y - e^x$ 空间中的初始正切值。

对 x 的限制如图 4-2 所示。当自然条件下模型输入参数在某个值附近时,Tan 可以表示如下:

$$Tan = \frac{(y_0 - y_1)(y_2 - y_1)}{y_2 - y_0}$$
(4-16)

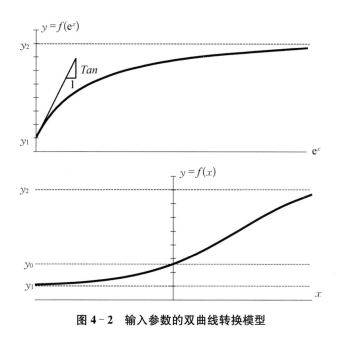

图 4 - 2　输入参数的双曲线转换模型

4.2　Block 37 基坑概况

4.2.1　工程场地概况

本书研究的背景工程为位于芝加哥市区的 Block 37 基坑项目,如图 4 - 3 所示。该项目为一多层建筑的地下室,同时也将作为原有地铁新的地铁站,基坑开挖深度为 15 米。场地由 E. Washington Street,W. Randolph Street,S. State Street 和 N. Dearborn Street 四条街围成,现有地铁隧道沿着 N. State Street 和 N. Dearborn Street 分布延伸,同时在 W. Randolph Street 下分布着一条呈东西走向的地下管线隧道,场地周围是大范围的商业区。因为场地中有大量原先的建筑遗留的基础,所以开挖前,场地需要预先开挖移除原有基础并且回填。Block 37 采用水泥土搅拌桩墙和结构板作为水平支撑的围护系统,并采用从上至下逆作法施工。

4.2.2　地质条件

学者们已经对芝加哥土层进行了多年研究,因此,关于芝加哥土层的分布认

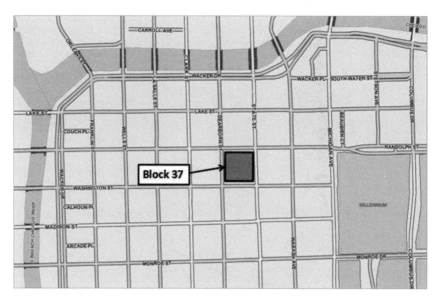

图 4-3　Block 37 地理位置

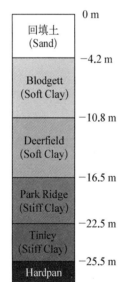

图 4-4　土层分布

识已经比较充分。该项目进行了钻孔探测实验、旁压实验和十字板剪切实验等现场实验来探测基坑现场的土层分布和土层受力特性。现场土层分布如图 4-4 所示。地面标高为+4.5 米,地下水位标高为+0.6 米。根据沉积方式、侵蚀程度、大陆冰川的累积和再结晶和芝加哥冰川湖标高体系标高等四个条件(Chun 和 Finno,1992),现场土体沿深度可以分为 6 层:回填土、Blodgett、Deerfield、Park Ridge、Tinley 和 Hardpan。顶层为一层约 4 m 厚的砂性土和建筑垃圾的堆积物。沿深度向下紧接着是两层矿物成分较为相似的软土,但是岩土特性不同。上面一层为 Blodgett,沉积环境复杂,包括冰成岩、火成岩和冲击岩,所以,Blodgett 是力学特性比较复杂分布较为不均匀的土层。相对而言,Deerfield 主要为火成岩,分布均匀,力学特性比较均匀(Chung 和 Finno,1992)。Blodgett 和 Deerfield 含水率高,强度较低,压缩性高,因而为研究基坑周边土体变形时主要需要考虑的压缩土层(Calvello,2002)。在这两层软土之下,是三层比较坚硬的土层。因为沉积的时间较早,所以这几层土也相对坚硬。两层软土之下,紧邻着的是 Park Ridge,分布在约埋深 15.5～37 m 的位置。再沿深度往下是两层非常坚硬的土层 Tinly 和 Hardpan。

4.2.3　施工设计和围护系统

　　Block 37 采用逆作法施工,相对于传统顺做的施工方法,逆作法施工的时间较长。通常,围护系统都会先施工围檩,然后再施加横向支撑,而 Block 37 的施工方法又与传统的逆作法不太相同,首先,第一道支撑不是在开挖之前施加而是在开挖结束后,第二,预开挖的时候没有支撑支护。

　　首先,在基坑周围施工 1 m 厚的搅拌桩墙,如图 4-5 所示。施工完围护墙之后,进行预开挖,但是遗憾的是,预开挖的尺寸无法准确得知。预开挖与移除原有基础完成并回填后,开始按照地下室层数进行基坑开挖作业。图 4-6 所示为典型截面围护墙和地下室楼板的分布。围护墙长度为 35 m。

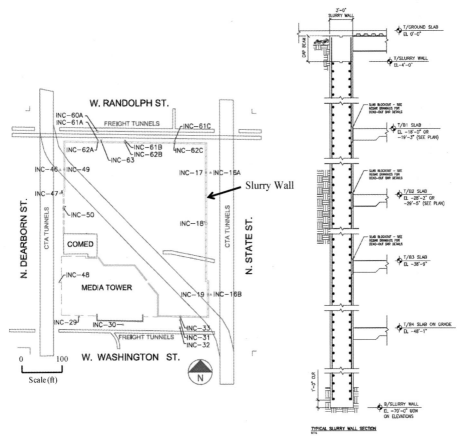

図 4-5　围护结构平面图　　　　図 4-6　围护结构典型截面

Block 37 从 2007 年开始施工,表 4-1 所列为施工的具体作业分布时间。

表 4-1　施工作业分布时间

施　工　步　骤	时　　间
围护墙	07.01—07.02
预开挖	07.03—07.05
开始开挖施工	07.06—07.07
架设 B1 楼板	07.08—07.10
架设 B2 楼板	07.11—07.12
架设 B3 楼板	08.2—08.5
架设 B4 楼板	08.6

围护墙在 2007 年年初施工,之后开始预开挖过程。预开挖包括壶状开挖、移除原有建筑基础、回填三个过程。基坑开挖过程从 2007 年夏天开始,施工总时长超过 1 年。由于地下室楼板是侧向支撑力的主要来源,因此,在每步开挖之前,都需要先浇筑楼板。施工单位每周记录施工进程,因此,所有的时间的准确度都在 1—2 周以内。但是,施工单位没有记录预开挖的过程,预开挖的时间是根据围护墙的施工时间和基坑开挖的时间来粗略估计的。也可以看到,在基坑开挖结束前,没有架设顶板,因此,围护墙的变形呈悬臂梁行变形。

4.2.4　测量仪器

本工程在基坑周边埋设了大量测量设备来监测基坑的围护结构和周边土体的变形,监测设备主要包括测斜仪和沉降仪。本书主要讨论基坑北面的测试仪器所测得的结果。

1. 测斜仪

测斜仪的分布如图 4-7 所示,本书研究的基坑北面的测斜仪分布在三个剖面上(A 剖面、B 剖面和 C 剖面)。从图中可见,每个截面各有一个测斜仪安置在围护墙内和紧邻围护墙后土体中,只有 A 剖面有一个测斜仪安置在墙后离墙 7.5 m 的地方。

2. 沉降仪

沉降仪的分布如图 4-8 所示,本书关注的沉降仪分布在北面 Randolph Street 上离西北角 12~24 m 的地方。本书描述了图中所示 X、Y、Z 三个截面的

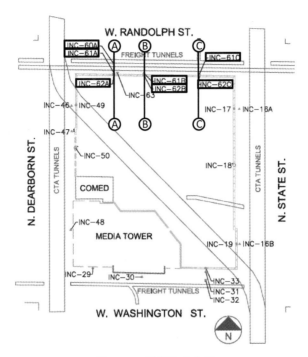

图 4-7　测斜仪分布图

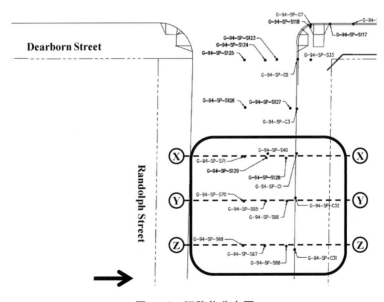

图 4-8　沉降仪分布图

沉降仪的数据,因为这三个截面离基坑角比较远,受边角效应影响比较小。离基坑角越远,受边角效应的影响越小,因此,Z 截面的实测数据最接近 2D 平面应变状态,所以,Z 截面的数据被选来跟本书分析结果对比。

4.3 HSS 模型简介

本书反分析方法基于有限元模型计算,因此,本构模型的选择对于计算结果至关重要。在第 2 章已经指出,考虑土体的小应变特性对计算基坑周边土体自由场位移具有重要的意义,且由于 HS 模型被广泛应用于实践计算中,其在基坑工程中的适用性已经得到普遍承认,因此,本书选取了 HS - Small(HSS)模型作为基本模型来进行分析。HSS 模型是在 HS 模型上考虑土体小应变特性的一种扩展模型。因此有必要先介绍一下 HS 模型。

4.3.1 HS 模型

不同于理想弹塑性模型,硬化塑性模型的屈服面在主应力空间中不是固定的,而是随着塑性应变的发生而膨胀。硬化可以分为两种主要的类型,它们分别是剪切硬化和压缩硬化。剪切硬化用于模拟主偏量加载带来的不可逆应变。压缩硬化用于模拟固结仪加载和各向同性加载中主压缩带来的不可逆塑性应变。这两种类型的硬化都包含在当前的模型之中。

HS 模型是一个可以模拟包括软土和硬土在内的不同类型的土体行为的先进模型(Schanz,1998)。在主偏量加载情况下,土体的刚度下降,同时产生了不可逆的塑性应变,在排水三轴试验的特殊情况下,观察到轴向应变与偏应力之间的关系可以很好地由双曲线来逼近。Kondner(1963)最初阐述了这种关系,后来,这种关系用在了著名的双曲线模型(Duncan 和 Chang,1970)中。HS 模型进一步发展并取代了这种双曲模型。因为首先,HS 模型使用的是塑性理论,而不是弹性理论;其次,它考虑了土体的剪胀性;再次,它引入了一个屈服帽盖模型。它的一些基本特征如下:

(1) 刚度依赖于土体的小主应力 σ_3',依据某个幂率变化,由指数 m 表示;

(2) 土体刚度由参照应力下,三轴试验中土体应力达到 50% 最大强度时的割线模量刚度 E_{50}^{ref} 表示;

(3) 主压缩固结的刚度由压缩试验下的割线模量 E_{oed}^{ref} 表示;

(4) 弹性卸载/重加载刚度由卸载/重加载模量 E_{ur}^{ref} 和 v_{ref} 表示;

(5) 土体强度由 Mohr - Coulomb 强度控制,c,φ,ψ。

表 4-2 概括描述了该模型的具体参数。

表 4-2　HS 模型的基本参数

参 数 名 称	参 数 符 号	参 数 意 义
强度参数 （摩尔库伦）	c	黏聚力
	φ	内摩擦角
	ψ	剪胀角
基本刚度参数	E_{50}^{ref}	标准三轴试验中割线模量
	E_{oed}^{ref}	主要固结荷载下的切线刚度
	m	刚度应力水平相关幂指数
高级参数	E_{ur}^{ref}	卸载/重加载刚度（默认 $E_{ur}^{ref} = 3 \cdot E_{50}^{ref}$）
	v_{ur}	卸载/重加载泊松比（默认 $v_{ur} = 0.2$）
	p^{ref}	参照应力（默认 $p^{ref} = 100$ 应力单位）
	K_0^{NC}	正常固结时 K_0 值（默认 $K_0^{NC} = 1 - \sin\phi$）
	R_f	破坏比 q_f/q_u（默认 $R_f = 0.9$）
	$\sigma_{tension}$	抗拉强度（默认 $\sigma_{tension} = 0$ 应力单位）
	$c_{increment}$	与 MC 模型相似（默认 $c_{increment} = 0$）

该模型的一个基本特征是刚度模量是应力的函数。参数 E_{50} 是主加载下与围压相关的刚度模量，它由下面的方程给出：

$$E_{50} = E_{50}^{ref} \left(\frac{c\cos\varphi - \sigma_3' \sin\varphi}{c\cos\varphi + p^{ref}\sin\varphi} \right)^m \tag{4-17}$$

式中，E_{50}^{ref} 为对应于参考围压 p^{ref} 的参考刚度模量。在 PLAXIS 中，缺省设置为 $p^{ref} = 100$ 应力单位。实际的刚度值依赖于主应力 σ_3'，也就是三轴试验中的围压。注意 σ_3' 对于压缩而言是负的。应力相关程度由幂 m 给出。为了模拟在软黏土中所观察到的对数应力相关性，幂的值应该取成 1.0。Janbu(1963)报告了对于砂土和粉土，m 在 0.5 附近的值，而 Von Soos(1980)报告了 $0.5 < m < 1.0$ 范围内的多个不同的值。

而对于卸荷和再加载路径中，采用卸荷再加载模量：

$$E_{ur} = E_{ur}^{ref} \left(\frac{c\cos\varphi - \sigma_3' \sin\varphi}{c\cos\varphi + p^{ref}\sin\varphi} \right)^m \tag{4-18}$$

其中,E_{ur}^{ref}是p^{ref}对应的卸载再加载杨氏模量。PLAXIS 中默认$E_{ur}^{ref}=3E_{50}^{ref}$。

类似的,主固结荷载下的切线模量可以表示如下:

$$E_{oed}=E_{oed}^{ref}\left(\frac{c\cos\varphi-\sigma_3'\sin\varphi}{c\cos\varphi+p^{ref}\sin\varphi}\right)^m \qquad (4-19)$$

最后,破坏比$R_f=q_f/q_a$,其中,q_f是极限偏应力,q_a是偏应力渐近线的值,PLAXIS 中默认R_f值为0.9。

4.3.2　HSS 模型

在 HS 模型中,土体刚度在卸载和再加载时认为是线弹性的,在土体中,当应变非常小的时候,这可能符合实际情况,然而,随着应变的增加,土体就开始显现出非线性。如图 4-9 所示,土体刚度与应变的 log 值画出的曲线呈 S 型分布。同时,图中也标出了各种实际岩土工程中土体的大概剪应变范围以及实验室所能测得的最小剪应变值。

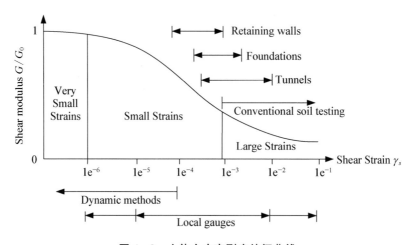

图 4-9　土体小应变刚度特征曲线

在岩土工程问题中,不仅仅要考虑岩土结构施工完毕时的土体刚度,小应变状态下,土体的刚度也需要考虑在内。HSS 模型能够全面考虑岩土工程中各种应变分布条件下土体的刚度。PLAXIS 中,HSS 模型和 HS 模型具有基本相同的参数,但是,HSS 模型多了两个参数来控制小应变状态下土体的刚度:

a. 初始剪切模量G_0。

b. 当剪切模量 G_s 减小到 $0.722G_0$ 时,剪切应变 $\gamma_{0.7}$。

1. 描述小应变刚度的双曲线法则

在土动力学中,很久以前就开始发现土体的小应变特性,而在静力学中,虽然也注意到了小应变特性,但是一直没有得到应用。表面上,静力和动力状态下土体的刚度不同主要是因为荷载的性质不同而不是因为动荷载下土体的应变较小,实际上,因为内力和应变比对土体的初始刚度的影响很小,因此,土体的动模量和小应变模量是同一个模量。

在动力分析中,最普遍的模型是 Hardin - Drnevich 模型。实验数据表明,小应变状态下,应力应变关系可以用一个简单的双曲线模型表示。Hardin 和 Drnevich(1972)采用如下公式来描述这种双曲线关系:

$$\frac{G_s}{G_0} = \frac{1}{1 + \left| \dfrac{\gamma}{\gamma_r} \right|} \tag{4 - 20}$$

其中,临界应变 $\gamma_r = \tau_{max}/G_0$,$\tau_{max}$ 为土体破坏时的剪力值。

更直接、误差更小的做法是采用较小的临界应变值,Santos 和 Correia (2001)建议采用 $G_s = 0.722G_0$ 的剪应变值为临界应变值,即

$$\frac{G_s}{G_0} = \frac{1}{1 + a \left| \dfrac{\gamma}{\gamma_r} \right|} \tag{4 - 21}$$

其中 $a = 0.385$。

2. Hardin - Drnevich 准则在 HSS 模型中的应用

在 HSS 模型中,应力应变关系由割线剪切模量表示如下:

$$\tau = G_s \gamma = \frac{G_0 \gamma}{1 + 0.385 \dfrac{\gamma}{\gamma_{0.7}}} \tag{4 - 22}$$

在 HS 模型中,刚度的衰减是通过应变硬化来模拟,所以,HSS 模型中,小应变状态下的刚度衰减规律有一个上限值,且这个值可以通过实验确定,这个界限可以用下式表示:

$$\gamma_{cut\text{-}off} = \frac{1}{0.385} \left[\sqrt{\frac{G_0}{G_{ur}}} - 1 \right] \gamma_{0.7} \tag{4 - 23}$$

其中，G_{ur} 为卸载/重加载剪切模量。

即当剪应变小于 $\gamma_{cut-off}$ 时，土体刚度衰减由小应变的 Hardin - Drnevich 关系式表示，当剪应变大于 $\gamma_{cut-off}$ 值时，由应变硬化准则来控制刚度的衰减。

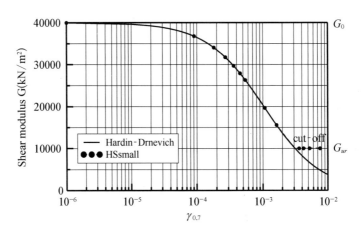

图 4‑10　HSS 模型刚度典型衰减曲线

3. HSS 参数模型

相对于 HS 模型，HSS 模型增加了两个参数，如表 4‑3 所列。

表 4‑3　HSS 模型相对于 HS 模型增加的参数

参 数 符 号	参 数 意 义
G_0^{ref}	初始剪切刚度模量
$\gamma_{0.7}$	当 $G_s = 0.7G_0$ 时对应的剪应变值

主荷载作用下的剪切模量 G_0 可由下式计算：

$$G_0 = G_0^{ref} \left(\frac{c\cos\varphi - \sigma'_3 \sin\varphi}{c\cos\varphi + p^{ref}\sin\varphi} \right)^m \qquad (4-24)$$

当缺乏足够的实验数据来确定 $\gamma_{0.7}$ 的时候，可以用下式来估计 $\gamma_{0.7}$ 值：

$$\gamma_{0.7} \approx \frac{1}{9G_0} \left[2c'(1+\cos(2\varphi')) - \sigma'_1(1+K_0)\sin(2\varphi') \right] \qquad (4-25)$$

其中，K_0 为静止土压力系数，σ'_1 是竖向有效应力。

4. HS 模型和 HSS 模型的其他不同

相对于 HS 模型，HSS 模型除了考虑小应变外，也对驱动剪胀角进行了修正。HS 模型和 HSS 模型的剪切硬化法则都可以表示为如下线性关系：

$$\dot{\varepsilon}_v^p = \sin\psi_m \dot{\gamma}^p \tag{4-26}$$

但是在压缩时，HS 模型和 HSS 模型对发挥的剪胀角的定义不同。

在 HS 模型中假设：

当 $\sin\psi_m < 3/4\sin\varphi$ 时，$\psi_m = 0$

当 $\sin\psi_m \geqslant 3/4\sin\varphi$ 且 $\psi > 0$ 时，$\sin\psi_m = \max\left(\dfrac{\sin\varphi_m - \sin\varphi_{cv}}{1 - \sin\varphi_m \sin\varphi_{cv}},\ 0\right)$

当 $\sin\psi_m \geqslant 3/4\sin\varphi$ 且 $\psi \leqslant 0$ 时，$\psi_m = \psi$

如果 $\psi = 0$，则 $\psi_m = 0$

其中 φ_{cv} 是临界状态摩擦角，φ_m 是发挥摩擦角：

$$\sin\varphi_m = \frac{\sigma_1' - \sigma_3'}{\sigma_1' + \sigma_3' - 2c\cot\varphi} \tag{4-27}$$

当发挥内摩擦角较小时或者 ψ_m 为负值时，HS 模型中均假设 ψ_m 为 0。但是，设置 ψ_m 的下限值有可能会造成计算塑性体积应变过小。因此，在 HSS 模型中，采用 Li 和 Dafalias(2000)提出的方法，经过 Benz(2007)简化后，可用如下公式来计算发挥剪胀角：

$$\sin\psi_m = \frac{1}{10}\left(M\exp\left[\frac{1}{15}\ln\left(\frac{\eta}{M}\frac{q}{q_a}\right)\right] + \eta\right) \tag{4-28}$$

其中，M 是破坏时的应力比，$\eta = q/p$ 是实际的应力比。

4.4　基于三轴试验利用反分析法确定土体参数

为了研究室内试验确定的参数与现场实测所确定的参数的关系，本书首先对室内三轴试验进行反分析，确定合理的土体参数模拟室内三轴试验。

4.4.1　芝加哥黏土的三轴试验

为研究芝加哥软土的小应变特性，对结果的影响，本书首先对芝加哥软土在三轴实验中的小应变特性进行分析。美国西北大学从 Block 37 工程现场采用薄壁取土器(Tube)和手工切土方法(Block)分别采取了不同土层的土样。实验设备包括气压加载系统、小型水下轴向和径向 LVDT 和弯曲元。LVDT 是用来测量土体小应变特性,而弯曲元是用来测量在土体在非常小的应变状态下的特性。

本实验采用的三轴系统可以用来测量土体残余有效应力、饱和试样、重固结以及剪切加载。土样首先加载至残余应力来减少土样膨胀的影响以及由此而引起的其他影响。在预加载应力路径改变的时候,试验中加了排水蠕变过程来减少取样对土体的扰动。

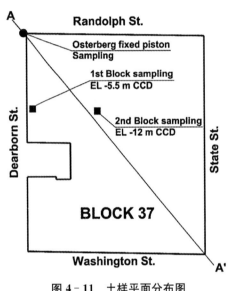

图 4 - 11 土样平面分布图

1. 土样

2004 年,美国西北大学采用薄壁取土器从现场埋深 5～6.5 m、8.4～9.3 m 和 15.2～15.8 m 处取了三个土样。2007 年 10 月和 2008 年 4 月,又从现场 9 m 深度和 15.5 m 处分别手工切取 3 个块体试样。图 4 - 11 是采样点的平面分布图。图 4 - 12 所示为 A - A 截面的土层分布。

采集块体土样时,首先在采集点周围挖一道土沟,然后在每个采集点深度切取 6 块边长 0.3 m 的土块。每个土块都包装上塑料薄膜然后蜡封,以减少在运送过程中水分流失。柱状土样在采取后同样蜡封,以保持水分。土样在运达西北大学后保存于 4℃ 的温室中。

2. 实验设备

A. 三轴测试仪器

本实验采用 CKC 循环加载系统来给试样加载。该自动控制系统由 Soil Engineering Equipment 公司的 C. K. Chan 和香港科技大学的李相崧教授设计。Chung(1991)详细介绍了该设备的构成、标定和操作。Holman(2005) 和 Cho(2007)对实验设备进行了改进,用来测量土体在小应变和极小应变状态下的土体特性。图 5 - 13 为 CKC 加载系统的组成图。他们用循环空气加载系统代替了原有油压加载系统,并扩大了压力室的尺寸以放置 LVDT 和弯曲元。

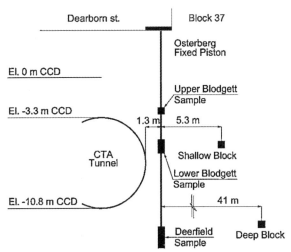

图 4‑12　A‑A 截面土样分布

图 4‑13　CKC 系统

CKC 加载系统由外部测量设备控制,具体的有轴向 LVDT、加载室和三个压力转换器。这些压力转换器可以测量有效压力、反压力和体积变化。

B. 小应变测量系统

该系统中,小应变测量设备包括三个高精度的线性位移传感器。三个传感器装于试样的侧面用于直接测量试样的轴向和径向变形。轴向荷载由一个高精度的内部荷载传感器测量。

内部测量系统专门用来测量小应变特性,相比 CKC 三轴实验系统精度有明显提高。将试样沿竖向三等分,中间一段处测量的值可以减少复杂边界条件的影响,从而得到比较好的精确值。遗憾的是,此套内部测量系统无法与 CKC 系统完全耦合来控制整个实验过程,CKC 的数据采集系统和电脑控制系统不支持内部测量系统。

试样上安装了 2 个 LVDT 来测量轴向变形和一个 LVDT 来测量径向变形。LVDT 的量程为±2.5 mm。LVDT 测量器由轻质氧化铝制成,由梢钉或者胶水安装于试样上。径向测量器根据 Bishop 和 Henkel(1957)提出的模型制造,测量值为实际径向变形值的 2 倍。轴向 LVDT 量尺原始长度为 46 mm,径向 LVDT 的量尺长度由试样的直径决定。图 4 - 14 为实验中用到的 LVDT 的图片。

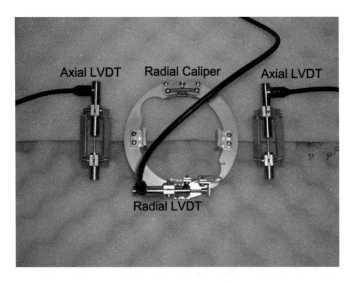

图 4 - 14 LVDT 设备

C. 实验设备的精度

实验设备的精度对于测量芝加哥软土的非线性非常重要,因此有必要先了解一下各个设备的精度。

CKC 三轴测试系统包括五个传感器:轴向压力传感器、轴向 LVDT、压力室、有效应力传感器和体积变形传感器。GDS 系统包括 3 个 LVDT 和 1 个内部压力传感器。表 4 - 4 所列为传感器的量程、精度和分辨率。

表4‑4　传感器的量程、精度和分辨率

设备	传感器	量程	精度	重复误差	分辨率	A/D转换比
CKC	轴向压力盒(kN)	±2.225	0.0013	0.0009	0.0005	12
	LVDT(mm)	±25.4	0.105	0.03	0.012	12
	压力室和有效应力(kPa)	0—1400	3.5	0.8	0.342	12
	体积(mmH₂O)	560	0.14	0.04	0.014	12
GDS	轴向压力盒(kN)	±4.0	0.0013	0.0003	0.0001	16
	LVDT(mm)	±2.5	0.0011	0.0008	0.0001	16

D. 弯曲元

弯曲元是由电压陶瓷晶片组成的电‑力转换器。可以用于记录扰动波在土体中的传播速度。一些学者详细介绍了弯曲元的设计和制造过程(比如 Dyvik 和 Madshus, 1985)。因此,类似于 Lings 和 Greening(2001)所描述的弯曲元,GDS 原件可以在三轴土样中制造 S 波和 P 波。

每个原件包上防水环氧树脂之后约为 1 mm 厚、11 mm 宽、13 mm 长。将弯曲元固定在铁片或者钛合金上的时候,约 5 mm 为固定部分,剩余 8 mm 为非固定部分,如图 4‑15 所示。非固定部分中约 7 mm 为密封硅胶包括,1 mm 则外露可以插入土体试样。这种构造可以防止能量损耗以在元件尖端达到最大曲率。

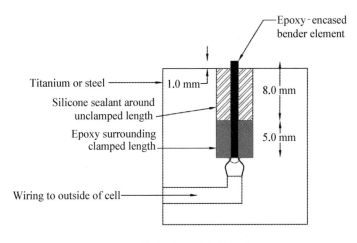

图 4‑15　弯曲元原件

发射元件由电压激发沿与压力板垂直的方向震动,从而产生扰动波,该扰动波为剪切波。扰动波沿着试样传播,并由接收元件接收。由波的传播时间可以得出波在土样中的传播速度。按照均质线弹性理论,土样的剪切模量可以由下式计算:

$$G = \rho V_s^2 \tag{4-29}$$

其中 ρ 是土体密度。

因为剪切模量是剪切波传播速度的方程,因此,准确估计剪切波传播距离和传播时间尤为重要。三种不同的方法可以用来确定传播时间:波峰法、交叉校正法和频率域方法。轴向采用 2 kHz 的波,水平向采用 10 kHz 的波。

3. 土样的制备以及设备安装

试验中使用的土样为从块状土样或薄壁取土器中的土样中切取的高 152 mm、直径 72 mm 的圆形柱状试样。软土层中往往包含页岩、石灰岩碎片和圆形砾石,在试样制备过程中,浅层块状土样中的砾石尺寸分布为 1~40 mm,深层块状土样中的砾石尺寸分布为 1~80 mm。在浅层块状土样中,砾石体积含量少于 3%,而在深层块状土样中,砾石体积含量少于 5%。土样切削时,应尽量避开砾石,在试样表面有砾石的情况下,应小心地移开砾石,然后用黏土仔细填补,而在弯曲元固定的位置,则应完全避免砾石的存在。土样切削完之后,即刻在侧面包裹上滤纸和橡胶薄膜,上、下表面垫上滤纸和透水石。然后在上、下表面施加少量压力,确保试样垂直,上、下弯曲元埋入试样中且对齐。上、下表面弯曲元埋设好之后,即套上 O 型圈。水平向弯曲元通过一个小直径过滤器埋置到试样侧面。埋置水平向弯曲元时,首先得非常小心地在侧面橡胶膜上刻两对小孔,既要保证足够大使弯曲元和土体充分接触,又不能太大而在加压过程中使孔洞继续扩大。埋设完毕之后,用防水胶密封。

图 4-16 为安装了小应变测试设备的土样示意图。在试样安装于底座上之后,开始安装轴向和径向 LVDT 夹具。每个夹具安装完毕之后,均施加 250 mm 汞柱真空压来消除安装产生的孔隙。LVDT 安装的位置应该使轴向 LVDT 测量有效范围为试样的中间三分之一段,径向 LVDT 位于试样的中部。轴向 LVDT 夹具用强化钢钉和硅胶固定布置于试样径向相对位置。安装过程至少要 3 个小时,试样的切削安装都必须在同一天完成,并经过一夜的黏胶固结,第二天方开始实验过程。

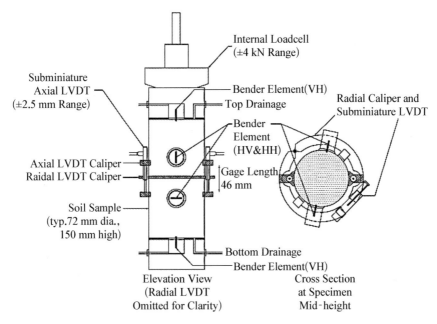

图 4-16　安装小应变测试仪后土样示意图

4. 实验过程

A. 残余有效应力的测量

残余有效应力是在试样切削、安装完毕之后试样的初始有效应力（Hight，2001；Ladd 和 Lambe，1964；Skempton 和 Sowa，1963）。Ladd 和 Lambe（1964）提出了，理想化试样制备就是在试样制备过程中，除了应力卸载外，不受其他干扰。理想化试样的初始应力和实际试样的初始应力只差可以用来量化试样的受扰程度（Baldi 和 Hight，1988；Ladd 和 Lamb，1964）。

残余有效应力可以通过不排水条件下等向加载时引起的超空隙水压力来计算。通过施加不同围压，超空隙水压力和围压有如图 4-17 所示关系。拟合直线与超空隙水压力轴的交叉值的负值即为残余应力值。

B. 饱和

在测得残余应力后，每个试样都由反压饱和。饱和压力为残余应力值，此时，试样在饱和过程中的体积应变可以忽略（Cho

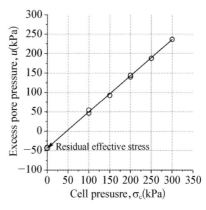

图 4-17　超孔压和围压关系图

等,2007)。若是在饱和过程中出现较大的应变,则说明土体原状结构受到了干扰。保持土体的原状结构对研究小应变特性尤为重要,因此,实验中饱和时的轴向和径向应变也都被记录下来以检测固结前土样未被扰动。当围压增加时,土中有效应力由反压保持不变。饱和时间一般为 24 小时,以达到 95% 以上饱和度。

C. 固结

所有试样均根据原状土所在深度经 K_0 固结至原状土状态,为了减少固结过程中超孔隙水压力对轴向应变的影响,固结时轴向压力的增量为 1.25 kPa 每小时。平均正应力和偏应力如下式:

$$p' = (\sigma'_v + 2\sigma'_r)/3 \qquad (4-30)$$

$$q = \sigma'_v - \sigma'_r \qquad (4-31)$$

其中,σ'_v 为轴向有效应力,σ'_r 为径向有效应力。

固结过程中,LVDT 测得的径向应变平均值为 0.02%,这比 CKC 系统的测量精度更小。当竖向荷载达到目标值时,则开始恒压下的蠕变过程,以消除应力历史对小应变特性的影响。这个过程一直持续到应变速率小于 0.001%/h 时结束。这个过程往往需要 36～48 小时。而剪切时应变速率往往是这个阶段结束时应变速率的 30 倍以上。一般,蠕变过程中,往往需要调整围压使径向应变保持为 0,而本书为了消除应力路径改变对小应变特性产生影响,使用保持有效应力不变让径向自由应变的方法。

D. 剪切

在固结之后,分别对土样进行了排水和不排水剪切实验。由于土样数量的限制,本书对块状土样进行了 CKUTC、CKURTE、CKDCMS、CKDCMSE、CKDCQU 和 CKDCQL 剪切实验,而对薄壁取土器取得的土样仅进行了 CKUTC 和 CKURTE 实验,各试验符号注释见表 4-5。应力路径如图 5-18 所示。所有剪切均由 CKC 系统进行应力控制加载,直到试样破坏。对于排水剪切实验,荷载加载速率为 ±1.2 kPa/h,以减少孔压的影响,而对于不排水剪切实验,加载速率为 ±30 kPa/h。

CKC 和 GDS 同时记录实验过程中的应力和应变,其中,CKC 系统每隔 30～150 秒记录 1 次轴向应变、体积应变、径向应力、总空隙水压和轴向应力,而 GDS 系统则每隔 10 秒记录 1 次轴向、径向变形和内部轴向压力。对于排水剪切实验弯曲元,每 3～12 小时记录 1 次波速,对于不排水实验,则每 20 分钟记录一次波速。

表 4-5　三轴实验路径

固结应力	排水条件	剪 切 路 径	符 号	浅层块体土样	深层块体土样	薄壁取土器土样
K_0 固结（CK）	不排水（U）	三轴压缩	TC	√	√	√
		卸载三轴拉伸	RTE	√	√	√
	排水（D）	三轴压缩	TC	√		
		卸载三轴拉伸	RTE	√		
		等围压压缩/拉伸	CMS/CMSE	√	√	
		等剪力压缩/拉伸	CQL/CQU	√	√	

5. 实验数据处理方法

A. 应力和应变的定义

应力状态由式(4-29)和式(4-30)所定义的应力来描述,对应的应变如下式:

$$\varepsilon_{vol} = \varepsilon_a + 2\varepsilon_r \qquad (4-32)$$

$$\varepsilon_{sh} = \frac{2}{3}(\varepsilon_a - \varepsilon_r) \qquad (4-33)$$

其中,ε_a 为轴向应变,ε_r 为径向应变。

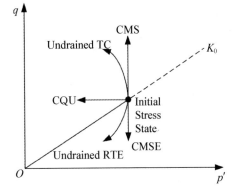

图 4-18　应力路径示意图

对于排水剪切实验,土体响应可以由体积应变和剪切应变表示如下:

$$\left\{\begin{array}{c} \Delta\varepsilon_{vol} \\ \Delta\varepsilon_{sh} \end{array}\right\} = \left[\begin{array}{cc} 1/K & 1/J_v \\ 1/J_s & 1/3G \end{array}\right] \left\{\begin{array}{c} \Delta p' \\ \Delta q \end{array}\right\} \qquad (4-34)$$

其中,K、G、J_v 和 J_s 分别为体积、剪切和交叉耦合模量,各模量由下式计算:

$$G_{sec} = \frac{\Delta q}{3\varepsilon_{sh}} \qquad 当 \Delta p' = 0(CMS/CMSE) \qquad (4-35)$$

$$K_{sec} = \frac{\Delta p'}{\varepsilon_{vol}} \qquad 当 \Delta q = 0(CQL/CQU) \qquad (4-36)$$

$$J_{ssec} = \frac{\Delta p'}{\Delta\varepsilon_{sh}} \qquad 当 \Delta q = 0(CQL/CQU) \qquad (4-37)$$

$$J_{vsec} = \frac{\Delta q}{\Delta \varepsilon_{vol}} \quad 当 \Delta p' = 0(\text{CMS/CMSE}) \tag{4-38}$$

对于不排水剪切实验,因为没有体积应变,仅可根据式(4-34)计算 G_{sec}。

B. 内部应力应变数据

由于内部测量系统具有较高精度,且外部测量系统会低估土体的刚度,所以,内部测量系统测得的数据更适合用来做小应变分析(Cho,2007)。

内部测量系统的 2 个轴向 LVDT、1 个径向 LVDT 和内部荷载盒可以记录试样的局部变形和轴向荷载。轴向应变为平均轴向变形除以规尺的长度,径向应变为直径的变化除以试样直径。偏应力为内部荷载盒测得的荷载值除以直径改变后的界面面积。径向 LVDT 由弹簧和活结组成,因此,在读数时,会有卡住-滑动的现象,读数的时候会出现跳跃现象,特别是在测试的初始阶段。因此,采用多项式或者指数函数来拟合实验结果能取得较好的结果。

C. 弯曲元测试分析

在弯曲元测试中,计算波在发射器和接收器之间的距离可以通过试样的轴向变形得知,因此,决定传播时间是计算剪切波传播速度的决定性因素。三种不同的方法可以用来确定传播时间:波峰法、交叉校正法和频率域方法(Kim,2011)。

6. 试验结果

图 4-19 所示为室内三轴试验结果。图中同时画出了排水和不排水三轴试验的结果,也同时显示了采用 Tube 和 Block 土样的试验结果。从结果上可见 Block 土样的刚度要比 Tube 土样刚度大。

4.4.2　基于三轴试验确定土体参数

基于以上试验结果,采用本书反分析方法确定室内三轴试验所得参数。

1. 反分析参数的选取

反分析具有结果非唯一性的缺点,同时,进行反分析的参数越多,得到相同结果的组合数的可能性越多,这种缺陷表现得越明显。因此,要克服这种缺陷,需要减少同时进行分析的反分析参数。反分析参数的选取主要根据输入参数对结果的影响的重要程度,Calvello(2002)指出,百分比敏感度(CSS)可以有效地表示输入参数对结果的影响的重要程度,并对 HS 模型的各参数的百分比敏感度进行了分析,指出 E_{50}^{ref} 和 m 对结果有较为重要的影响,并且通过相关系数的分析指出,E_{50}^{ref} 和 m 具有较大相关性,不能同时进行分析,且 E_{50}^{ref} 相对 m 更能体现

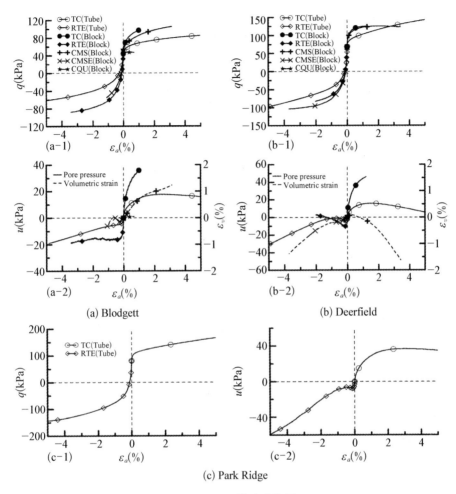

图 4-19　三轴试验结果

土体的刚度。因此,Calvello(2002)指出,E_{50}^{ref}对土体刚度分析具有重要的影响作用,应作为反分析参数。在 HSS 模型中,由于对剪胀角进行了修正且增加了两个控制小应变的参数,所以本书将对这三个参数进行探讨。

如图 4-20 所示,在 Block 土样固结至原位土压力并经过 36 小时的排水蠕变之后测得的剪切波速与现场动态 CPT 测得的剪切波速基本一致。剪切模量可按照式(4-28)由剪切波速计算得到。可见室内试验和现场试验所得初始剪切模量是较为一致的,因此认为,G_0^{ref}是定义较为合理,可以从试验确定比较合理的取值的参数,无需进行反分析。因此,本书选定剪胀角 ψ,E_{50}^{ref} 和 $\gamma_{0.7}$ 作为反分析对象参数。

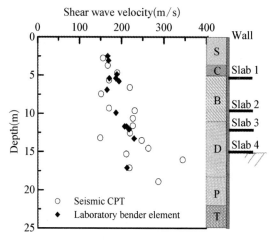

图 4-20　剪切波速

表 4-6 列出了三个待优化参数的 CSS 值,可见三个参数的 CSS 值均在相当的量级,因此,同时分析该三个参数是合理的选择。反分析中,初始参数采用 Calvello(2002)根据 Chicago State 基坑反分析所得最终值,其中,$\gamma_{0.7}$ 采用表 4-3 所列方法初步估计。

表 4-6　三轴试验中 HSS 模型待反分析参数的 CSS

Sample	Test	HSS		
		ψ	E_{50}^{ref} (kPa)	$\gamma_{0.7}$
Blodgett (Tube)	TC	32	29	3.5
	RTE	3.3	32	76
Blodgett (Block)	TC	22	24	18
	RTE	17	171	80
	CMS	2.6	34	10
	CMSE	4.2	34	8
	CQU	144	198	80
Deerfield (Tube)	TC	13	35	8.6
	RTE	11	66	81
Deerfield (Block)	TC	3.9	59	8.2
	RTE	204	230	78
	CMS	0.34	46	23

续　表

Sample	Test	HSS		
		ψ	E_{50}^{ref} (kPa)	$\gamma_{0.7}$
Deerfield (Block)	CMSE	0.28	48	5.2
	CQU	31	93	123
Park Ridge (Tube)	TC	32	59	8.3
	RTE	0.01	0.21	74

2. 测量值的选取

选定待分析参数后，要取得合理的结果，需要选取合适的测量值作为参照结果。对于不排水三轴试验，本书采用主应力增量以及孔压与轴向应变的关系曲线作为反分析所需实测结果；对于排水三轴试验，本书采用主应力增量以及体积应变与轴向应变的关系曲线作为反分析所需实测结果。实测点的分布与测试结果有关，对于 HSS 模型，轴向应变从 0.001%～0.1% 之间每隔 0.005% 分布一个点，轴向应变从 0.1%～1% 之间每隔 0.05% 分布一个点，轴向应变从 1% 到破坏时应变值之间，每隔 0.5% 分布一个点，这样，实测点的分布能够合理地代表土体小应变和大应变特性。对于 HS 模型，由于不存在小应变部分，仅取轴向应变大于 0.5% 的点作为实测值，其分布于 HSS 模型采用的实测值点分布一致。由于对不同试验选用了不同数量的实测值，因此，用实测点数目归一化目标方程值，之后讨论的目标方程值为归一化后的目标方程值（$F'(b)$）。

3. 反分析结果

图 4-21 所示是在普通坐标下 Blodgett 土样 TC、RTE、CMS 和 CMSE 的试验结果与 HSS 模型最佳计算结果的对比。其他土样的结果以及采用 HS 模型的结果可见附录 1。所谓最佳计算结果，即是采用反分析所得参数计算所得土体的应力-应变曲线。同时，图上也标注了对应的归一化目标方程值，归一化目标方程值越小，说明计算结果与试验结果拟合得越好。从图上可见，虽然采用合理的参数 HSS 模型能够准确预测土体的应力-应变曲线，但是，HSS 无法准确预测 RTE 试验中土体的孔压响应。从附录可见其他土样试验和 HS 模型也具有相同结果。

为研究土体的小应变特性，图 4-22 所示为在对数坐标下归一化后的土体剪切模量与剪切应变实测与计算值的对比曲线。图中剪切应变定义为 $2(\varepsilon_a -$

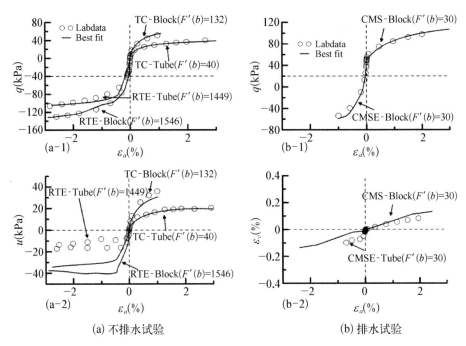

(a) 不排水试验　　　　　　　(b) 排水试验

图 4 - 21　Blodgett 土三轴试验最优化结果与实测值对比

$\varepsilon_r)/3$，其中，ε_a 为轴向应变，ε_r 为径向应变。正切剪切模量通过除以由弯曲元确定初始剪切模量来归一化。从图上可见，在小应变时，从拉伸试验所得的剪切模量要比从压缩试验得到的剪切模量大。从拉伸实验得到的初始剪切模量相比从压缩试验得到的初始剪切模量更接近于从弯曲元得到的初始剪切模量。Kung(2009)指出，这种现象有可能是因为在压缩试验中由于测试精度无法测量土体弹性响应所致。而且可以看到，采用 Block 土样的拉伸和压缩试验的初始 G_{sec}/G_0 值之差要比采用 Tube 土样的拉伸和压缩试验的初始 G_{sec}/G_0 的差小。这可以从某个方面说明 Block 土样要比 Tube 土样质量稍好，因为从理论上来说，土体的初始刚度应该一致，Block 土样在各试验中初始刚度的一致性要比 Tube 土样好。也可以看到，相比 TC(Tube)、TC(Block)所测得的初始剪切模量与现场实测所得到的初始剪切模量更为接近。从图上可见，从拉伸试验得到的芝加哥黏土的 $\gamma_{0.7}$ 值大约为 0.01%，而从压缩试验得到的 $\gamma_{0.7}$ 值要小于 0.001% 且无法由试验内部测试系统测得。总的来看，采用反分析所得参数，HSS 模型能够合理模拟土体的应力-应变特性，而且要比 HS 模型更为合理。

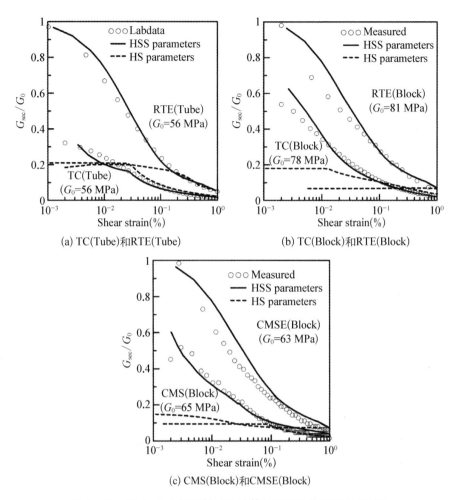

(a) TC(Tube)和RTE(Tube)　　　　(b) TC(Block)和RTE(Block)

(c) CMS(Block)和CMSE(Block)

图 4‑22　Blodgett 土样三轴试验计算与实测土体刚度曲线对比

表 4‑7 所列为三轴试验反分析结果。从图 4‑22 和表 4‑7 可以看出,当归一化目标方程值 $F'(b)$ 小于 150 时,说明反分析的结果是一个合理的结果。从表可见,即使采用反分析后的参数,HSS 模型也无法准确模拟 RTE 试验中的孔压响应和 CQU 的应力‑应变曲线。从表上也可见,剪胀角 ψ 一般小于 1,这与芝加哥黏土是正常固结或者低微超固结土的性质一致,其中,Blodgett(Tube)和 Park Ridge 的 RTE 试验以及 Blodgett(Block)土样 CMSE 试验的 ψ 值明显大于 1,这可能是因为 HSS 模型无法模拟 RTE 试验的孔压以及在 CMSE 试验中,仅轴向应变小于 1% 的点被用来作为实测数据。从表中可见,由压缩试验所得的 E_{50}^{ref} 值与 Calvello(2002)基于排水 TC 试验分析所得结果一致,而由拉伸试验

表 4 - 7　三轴试验反分析结果

Sample	Test	HSS model				$\gamma_{0.7}(Lab)$	HS model		
		ψ	E_{50}^{ref} (kPa)	$\gamma_{0.7}$	$F'(b)$		ψ	E_{50}^{ref} (kPa)	$F'(b)$
Blodgett Tube	TC	1	8 700	4.21E-06	40	<1.00E-6	0.2	7 900	230
	RTE	10	3 600	7.32E-05	1 449	7.00E-5	13	3 800	2 102
	TC	0.2	7 800	1.21E-05	132	<1.00E-6	0.1	8 600	423
	RTE	2.3	3 600	7.56E-05	1 546	7.00E-5	6	3 200	1 870
Blodgett Block	CMS	0.8	5 900	2.48E-05	30	<1.00E-6	0	5 100	100
	CMSE	20.1	2 900	3.97E-05	30	8.00E-5	1	3 200	121
	CQU	1.2	4 000	1.13E-04	1 025	—	7	7 600	46
Deerfield Tube	TC	3.4	10 800	3.70E-06	41	<1.00E-6	2.5	14 000	131
	RTE	0.4	3 000	6.74E-05	374	8.00E-5	20	3 400	2 456
	TC	0.1	7 800	1.36E-05	142	1.00E-6	0.1	11 000	170
	RTE	0.4	3 400	5.82E-05	3 715	1.00E-4	1	3 800	4 121
Deerfield Block	CMS	0.5	5 400	1.35E-05	55	3.00E-6	0	11 000	111
	CMSE	0.7	3 300	7.84E-05	36	1.00E-4	0.1	3 200	143
	CQU	0.7	1 900	2.34E-04	7 271	—	—	—	—
Park Ridge Tube	TC	0.8	8 500	5.91E-06	47	<1.00E-6	2.6	5 600	67
	RTE	9	4 000	7.40E-05	2 582	8.00E-5	10	4 300	4 234

注：$\gamma_{0.7}(Lab)$ 为实测结果。

所得 E_{50}^{ref} 值仅为压缩试验所得值的 $1/3\sim2/3$。图 4 - 23 解释了这种差异的由来，图中分别为采用 Blodgett 土样的 TC(Block) 试验所得参数计算所得在 K_0 和等相固结条件下，TC 和 RTE 试验的应力应变曲线。HS 模型和 HSS 模型中，E_{50}^{ref} 是根据等相固结条件下排水 TC 试验定义的。从图中可见，采用相同参数模拟等相固结后的 TC 和 RTE 试验，因为两者都是"加载"试验，表现出了相同的刚度。而用相同的参数模拟 K_0 固结状态下的 TC 和 RTE 试验时，因为 TC 是"加载"试验，而 RTE 则为"卸载"试验，E_{50}^{ref} 被用来计算 TC 试验的应力-应变特性，而 E_{ur}^{ref} 被用来计算 RTE 试验的应力-应变曲线。而在 PLAXIS 中，E_{ur}^{ref} 被定义为 $3E_{50}^{ref}$，所以，从 RTE 得到的 E_{50}^{ref} 实际上应该为从 TC 得到的 E_{50}^{ref} 的 $1/3$。而从表 5 - 7 可以看到，从拉伸试验得到的 E_{50}^{ref} 基本上为从压缩试验得到的 E_{50}^{ref} $1/3\sim1/2$，规律是正确的。这也说明，在反分析过程中，不应该使用拉伸试验来分析 E_{50}^{ref} 的值。同时，从表 4 - 7 也可以看出，基于相同的实验数据，HSS 模型和 HS 模型所得的 E_{50}^{ref} 是不一样的，因此，在使用 HSS 模型时，不能随意使用 HS 模型得到的 E_{50}^{ref} 值。

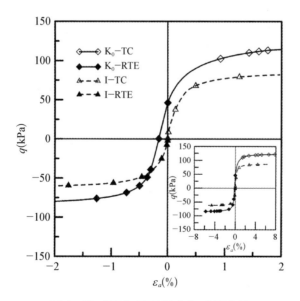

图 4 - 23　TC 与 RTE 的应力-应变曲线

从表 4 - 7 也可以看到，对于拉伸试验，反分析所得的 $\gamma_{0.7}$ 与按照定义从图 4 - 22 得到的 $\gamma_{0.7}$ 的值相近，而对于压缩试验，反分析所得值比 0.000 1% 小，且按照定义无法从图 4 - 22 得到 $\gamma_{0.7}$，因为试验设备无法测得应变小于 0.001% 的数据。这是因为在分析过程中采用了弯曲元测得的 G_0 代替小应变测试系统所测得最大 G_{sec} 作为初始刚度。总的来说,无论是 HS 模型还是 HSS 模型,都无法用同一组参数来计算不同应力路径下土体的应力-应变特性,这与 Finno 和 Cho (2011)得出的结论是一致的,土体的应力-应变特性与土体的应力历史和应力路径具有重要的联系。

4.5   基于 Block 37 基坑实测利用反分析法确定土体参数

在根据三轴试验数据分析输入参数以后,本书在此处根据基坑实测数据分析输入参数。

4.5.1   实测数据

测斜仪和沉降仪用来记录围护墙的水平位移和基坑周边土体的沉降。沉降仪和部分测斜仪是在施工开始前埋置的,墙体里的测斜仪是围护墙施工时同时埋置的。以下是测斜仪和沉降仪记录的数据。

1. 测斜仪数据

表 4-8 列出了测斜仪的具体埋置和测试信息。其中两个测斜仪(INC-62A 和 INC-61B)因为损坏又重新埋置,所以,在其中一段时间没有数据。虽然 INC-62B 中间也重新埋置过,但是没有损失任何数据,而 INC-61B 有一部分是岩屑重填部分,所以底部测不到数据。

表 4-8   测斜仪埋置信息

测斜仪 ID	埋置日期	埋置深度(m)	最后测试日期	Notes
INC-60A	2007.10	88	2008.3.11	
INC-61A	2006.12.6	88	2008.3.11	
INC-62A	2007.2.21	56	2008.3.11	无数据(2007.9.17—2007.10.26);重新埋置(2007.10.26)
INC-61B	2006.12.6	88	2008.3.11	无数据(2007.3.21—2007.10.26);重新埋置(2007.10.26)
INC-62B	2007.3.29	68	2008.3.11	底部 3.6 m 填充(2007.9.28—2007.10.15);重新埋置(2007.10.26)

测斜仪 ID	埋置日期	埋置深度(m)	最后测试日期	Notes
INC-61C	2006.12.6	88	2008.8.5	底部12米填充(2008.3.20)
INC-62C	2007.2.21	66	2008.7.22	

本书对无法准确测得实测数据进行了几项处理。对于部分底部被岩屑填充的测斜仪，认为底部的数据等于重新埋置前的测试数据。如 INC-61C 底部 12 m 的读数都相同(2008.3.20)。对于缺失某段时间的读数的测斜仪，则认为它在这段时间的读数等于邻近的测斜仪的读数。如，INC-61A 读数用来估计 INC-62A 在读数缺失期间的位移。对于同一个截面的测斜仪，所有读数都从同一个日期开始归零。比如，认为 A 截面的所有测斜仪在 2007.2.21 的时候读数均为 0。这样就能直接比较同一截面不同测斜仪测量的位移的不同。埋深较浅的测斜仪底部往往不是固定的，因此，采用邻近的在土中埋深较深的测斜仪的底部读数来修正埋深较浅的测斜仪的读数。修正后使埋深较浅的测斜仪底部的读数等于埋深较深的测斜仪同一深度处的读数。这种修正可使围护墙内的测斜仪的读数更接近实际位移。另一个修正是把去掉读数为负数的数据。

因为 B 界面在基坑的中部，其变形接近平面应变特性，因此，本书采用 61B 测斜仪所记录的数据作为方分析的实测数据，如图 4-24 所示，其他截面实测值见附录 2。从图上可见，预开挖移除原有基础然后回填造成的水平位移最大值大于 10 mm，因此有必要在分析中考虑预开挖与回填的影响。从地面开挖至第一道支撑处时，最大位移达到 35 mm，占了最终位移最大值的绝大部分。围护墙由钢筋混凝土楼板支撑，板与围护墙之间由弯矩抵抗装置连接，且可认为板与围护墙之间被牢固刚接，所以，当混凝土发生收缩和徐变时，混凝土板有可能拉着围护墙往坑内变形。因为混凝土的收缩和徐变，有可能会造成围护墙的额外变形，所以，开挖至第一道支撑时记录位移值，相对来说

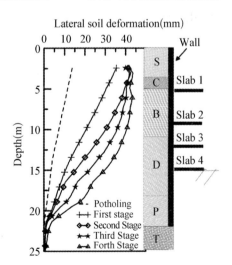

图 4-24　基坑开挖周边土体侧向位移实测值

较为真实地反映了基坑开挖引起的土体位移。

2. 沉降仪数据

沉降仪记录了 Block 37 项目从 2006 年 9 月开始直到 2008 年 10 月的所有沉降位移,图 4－25 为三个截面测得的最终沉降。三个截面都记录了从 2006.9.18 到 2008.10.31 这段时间内土体沉降位移的增量,可以看到,在接近围护墙的位置,最大位移为 37.5 mm,而距离墙体 15 m 左右的地方,沉降几乎为 0。

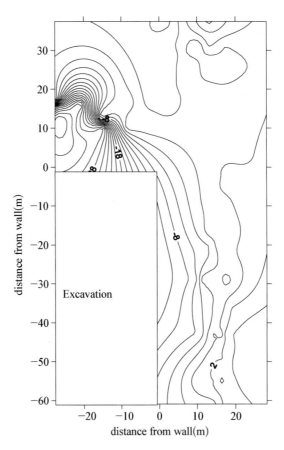

图 4－25　基坑周边土体沉降

4.5.2　基坑开挖的有限元模型

要进行反分析,首先要建立有限元模型,本书采用 PLAXIS 建立模型,模型示意图如图 4－26 所示。坑外邻近围护墙有一通电缆的隧道,坑内 4 道楼板支撑,与一般基坑不同的是,第一道支撑并不在邻近地面的深度,而是在地下 6 m

左右的位置。围护墙和土体之间设置接触面。计算步骤如表 4 - 9 所列,可将整个开挖过程分为 5 步,第一步电缆隧道以及围护墙的建立,以及预开挖与回填过程,之后按照支撑楼板的深度,分 4 步降水开挖至坑底。其中比较困难的是模拟预开挖与回填过程,因为预开挖的尺寸不详,无法准确模拟预开挖的尺寸与位置,预开挖尺寸与位置的变化都将极大地影响计算结果。因此,经过大量试验,本书采用了如图 4 - 27 所示预开挖的尺寸、位置与网格。有限元模型中,Blodgett、Deerfield 和 Park Ridge 采用 HSS 模型,其他土层采用 HS 模型,初始土体参数如表 4 - 10 所列。

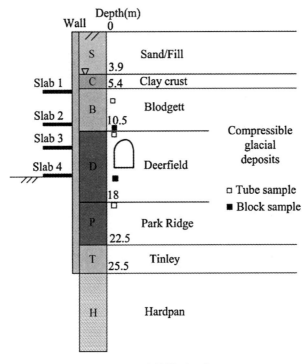

图 4 - 26　计算模型示意图

表 4 - 9　有限元模拟步骤

	步　　骤	工　　况
	1	电缆隧道建立
0	2	固　　结
	3	围护墙建立

续　表

步　骤		工　况
0	4	重置位移
	5	预开挖
	6	回　填
1	7	降水和开挖至 6.2 m
	8	B1 板设置
2	9	降水和开挖至 9.8 m
	10	B2 板设置
3	11	降水和开挖至 12.2 m
	12	B3 板设置
4	13	降水和开挖至 15 m
	14	B4 板设置

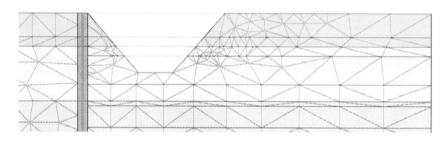

图 4 - 27　预开挖网格示意图

表 4 - 10　有限元模型初始参数

Soil layer	Sand Fill	clay crust	Blodgett	Deerfield	Park Ridge	Tinley	Hardpan
type	Drained	Undr.	Undr.	Undr.	Undr.	Undr.	Undr.
E_{50}^{ref} (kPa)	2 299	618	362	750	2 568	3 851	7 663
E_{oed}^{ref} (kPa)	2 299	618	362	750	2 568	3 851	7 663
E_{ur}^{ref} (kPa)	6 897	1 853	1 085	2 251	7 701	11 552	22 989
OCR	1.5	1.5	1.5	1.37	1.7	1.5	1.5
C^{ref}	19.16	0.92	0.00	0.00	0.00	0.00	2.29
$\varphi(°)$	35	32.8	29	30.6	30.6	45	45

续　表

Soil layer	Sand Fill	clay crust	Blodgett	Deerfield	Park Ridge	Tinley	Hardpan
$\psi(°)$	5	0	0	0	0	0	3
v_{ur}	0.33	0.2	0.2	0.2	0.2	0.1	0.1
p^{ref}	5	5	5	5	5	5	5
m	0.5	0.85	0.8	0.85	0.85	0.85	0.85
K_0^{NC}	0.6	0.458	0.603	0.568	0.458	0.6	0.6
c_{incr}	0	0	0	0	0	0	0
R_f	0.9	0.9	0.9	0.9	0.9	0.9	0.9
T-Strength	0	0	0	0	0	0	0
R_{inter}	0.67	0.5	1	1	0.5	0.5	0.5
Interface Perm	Neutral	Neutral	Neutral	Neutral	Neutral	Neutral	Neutral
d-inter	0	0	0	0	0	0	0
G_0^{ref} (kPa)	—	—	78 000	95 000	83 400	—	—
$\gamma_{0.7}$	—	—	1.00E−04	1.00E−04	1.00E−04	—	—

4.5.3　基于基坑实测的反分析

如前所述,实测数据中,开挖至第一道支撑时记录的位移可以较为准确地反映基坑开挖引起的土体位移,且因为预开挖的尺寸不详,所以预开挖的位移可能不能准确反映开挖引起的土体位移,但是,从预开挖结束到开挖至第一道支撑之间的位移增量由于受到的其他影响较小,可认为是开挖卸载引起的位移,因此,本书采用开挖至第一道支撑时与预开挖结束时之间的位移增量作为反分析的实测值来进行参数分析。三轴试验反分析中,本书分析了 ψ、E_{50}^{ref} 和 $\gamma_{0.7}$,而在三轴试验分析中可知,芝加哥黏土为正常固结土和轻微超固结土,ψ 值为接近 0 的数,因此,在基坑分析中,认为 ψ 为 0,所以基坑开挖仅对 E_{50}^{ref} 和 $\gamma_{0.7}$ 两个参数进行优化分析。

图 4-28 所示为优化后计算结果和实测结果的对比。图中所示位移为该阶段位移与预开挖产生的位移的差值,即位移增量。从图上可见,在第一阶段,无论是用 HSS 模型还是用 HS 模型,侧向位移均与实测值一致,这说明反分析的

结果是正确的。利用反分析所得参数计算预开挖以及开挖至坑底时的位移。从图上可见,HSS 模型能够较好地计算预开挖引起的位移,与实测值基本一致,而 HS 模型计算值要明显小于实测值。同样,在开挖至坑底后,HS 模型的计算值也要小于实测值,这是因为在第一步开挖的时候位移还较小,土体还处于小应变状态,因此,基于 HS 模型用第一步开挖的位移增量来进行反分析时高估了土体的刚度,因此计算得到的其他阶段的位移均要比实测位移值小。而用 HSS 模型计算最终位移时,在开挖面以下,计算位移与实测位移一致,而在开挖面以上,埋深越小的位置,计算值与实测值差异越大,最大差异达到 10 mm 左右。这是因为混凝土板的收缩徐变使开挖面以上围护墙位移大于开挖卸载引起的位移。

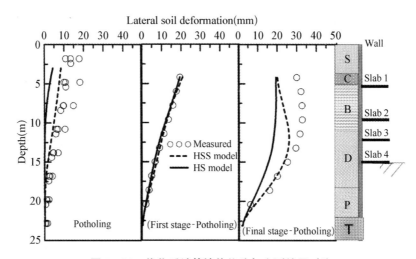

图 4-28　优化后计算墙体位移与实测结果对比

图 4-29 所示为采用优化后参数计算所得墙后土体沉降与实测值对比。从图上可见,在第一阶段,HS 模型计算所得沉降曲线与 HSS 模型计算得到的沉降曲线相近,与实测结果较为接近,最大沉降值与实测值一致;而在最终阶段,HS 模型计算所得沉降曲线要比 HSS 模型计算得到的沉降曲线浅且平,但是,无论是 HSS 模型还是 HS 模型,计算所得结果都要比实测结果小很多,这是因为混凝土收缩徐变造成了额外的围护墙水平位移,同时也引起的墙后土体的额外沉降。

表 4-11 所列为基坑反分析得到的参数。从表上可见,在基坑分析中,基于 HSS 模型分析得到的 E_{50}^{ref} 值与三轴压缩试验分析中得到的 E_{50}^{ref} 较为接近,而基

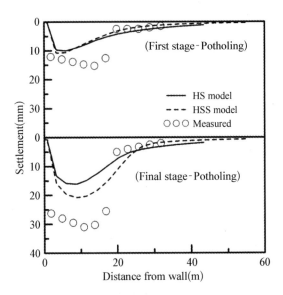

图 4‑29　优化后计算墙后土体沉降与实测结果对比

于 HS 模型得到的 E_{50}^{ref} 要明显大于从三轴试验得到的 E_{50}^{ref}。这是因为反分析采用的实测值是第一阶段的土体位移,该阶段土体还处于小应变阶段,土体刚度要明显高于大应变时的刚度,因此,HS 模型高估了土体的刚度。从基坑分析得到的 $\gamma_{0.7}$ 与三轴拉伸试验中得到的 $\gamma_{0.7}$ 相近。通过 HS 模型参数与 HSS 模型参数的对比,可知 $\gamma_{0.7}$ 对土体刚度具有重要影响,因此,本书又对 $\gamma_{0.7}$ 对基坑开挖引起周边土体变形的计算结果的影响进行了分析。如表 4‑12 所列,分析了 HSS 模型中待优化参数的 CSS 值,可见 $\gamma_{0.7}$ 对计算结果的影响与 E_{50}^{ref} 同样重要。也可以从图 4‑30 上看出,$\gamma_{0.7}$ 值越大,围护墙变形越小,因此,在基坑开挖分析中考虑土体的小应变对准确预测结果来说是尤为重要的因素。

表 4‑11　基坑反分析结果

	HSS model		HS model
	E_{50}^{ref} (kPa)	$\gamma_{0.7}$	E_{50}^{ref} (kPa)
Blodgett	8 200	7.64×10^{-5}	10 000
Deerfield	7 600	6.56×10^{-5}	14 000
Park Ridge	12 700	7.21×10^{-5}	32 000

Note：$p^{ref}=100$ kPa。

表 4 - 12　基坑分析中待分析参数的 CSS

	HSS model	
	E_{50}^{ref} (kPa)	$\gamma_{0.7}$
Blodgett	3.1	3.5
Deerfield	1.2	2.8
Park Ridge	0.3	3

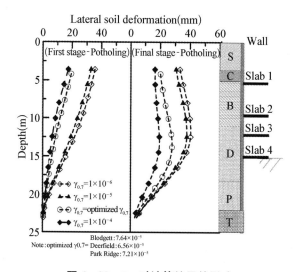

图 4 - 30　$\gamma_{0.7}$ 对计算结果的影响

4.6　基于三轴实验和现场实测确定的土体参数的讨论

　　在实践中,一般采用室内试验得到的参数来计算基坑开挖引起的土体位移,但是准确度往往不是太理想。本书分别对室内三轴试验和基坑现场实测进行了分析得到了参数,在此将讨论从三轴试验和现场实测得到的参数之间的关系。由之前的分析可以知道,采用基于基坑实测反分析所得的参数可以准确计算第一步开挖引起的位移增量,因此,本书采用从室内三轴试验得到的模型参数来计算基坑第一步开挖引起的土体位移增量,来检验三轴试验得到的参数与现场实测得到的参数之间的关系,如图 4 - 31 所示。由图上可见,基于三轴试验反分析参数计算得到的墙体位移都要比实测值大,且 HS 模型计算得到的结果与实测值的差别要比 HSS 模型计算的结果与实测值的差别大,其中,在开挖面以上,以基于 TC(Block)试验得到的 HSS 模型参数计算结果与实际结果最为接近,而在开挖面以下,基于拉伸试验得到的参数的计算结果与实测结果较为接近。这可能是因为在开挖面以下土体变形较小,小应变特性占主导作用。

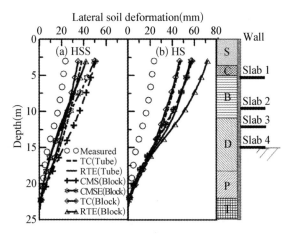

图 4 - 31　基于室内三轴试验反分析参数计算的基坑第一阶段位移增量

从三轴试验的分析可知,无论是 HS 模型还是 HSS 模型,都无法用一组相同的参数来模拟不同路径下土体的应力-应变特性,而土体在基坑周围处于复杂应力状态下,所以也无法简单地利用室内试验某组试验所得参数来进行准确计算。从表 4 - 7 和表 4 - 11 可知,基于现场实测所得的 E_{50}^{ref} 与室内三轴压缩试验所得的 E_{50}^{ref} 较为接近,而基于现场实测所得的 $\gamma_{0.7}$ 值与室内三轴拉伸试验所得的 $\gamma_{0.7}$ 值较为接近。本书尝试用组合参数来计算基坑开挖引起的变形,根据前述分析,此处采用 TC(Block)所得的 E_{50}^{ref} 组合 RTE(Block)所得的 $\gamma_{0.7}$ 值来计算基坑开挖引起的土体位移,如图 4 - 32 所示。从图中可见,组合参数的计算结果与 HSS 模型优化参数的计算结果一致,在第一阶段完全符合实测结果,但是在最终阶段,基坑开挖面以上的位移小于实测值,同样这也是由于混凝土板的收缩和徐变引起的。可见,虽然用一组室内三轴试验所得参数无法准确预测基坑开挖引起的土体位移,但是采用组合参数可以有效地反映土体的小应变和大应变特性,从而较为准确地计算基坑开挖引起的土体位移。

理论上,一个完美的土体模型可以利用同一组参数模拟土体在各个应力路径下的应力-应变特性。本书采用了 HS 模型和 HSS 模型,但是,无论是在大应变还是

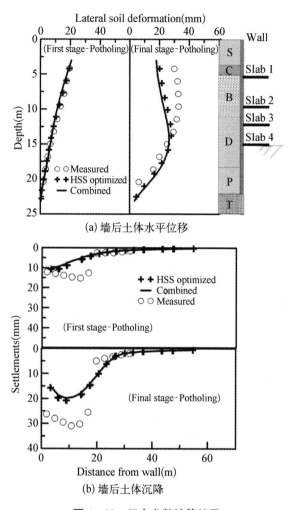

(a) 墙后土体水平位移

(b) 墙后土体沉降

图 4‑32 组合参数计算结果

小应变范围内,该两种模型都无法用同一组参数模拟土体在不同应力路径下的应力‑应变特性。由于目前还未发现有一个种完美的土体模型可以用同一组参数模拟土体在不同应力路径下的应力‑应变特性,所以,采用组合参数的方法可视为是目前解决如何室内试验所得参数较为准确预测基坑开挖引起的土体位移的合理方法。

4.7 本 章 小 结

本章结合芝加哥市区 Block 37 基坑工程,采用 HS 模型和 HSS 模型,研究了如何利用反分析技术获得合理的计算参数来计算土体的响应,并探讨了如何利用不同应力路径三轴试验土体参数来合理计算基坑开挖引起的土体位移,得出以下一些结论:

(1) 在基坑变形分析中,考虑土体小应变特性的影响对于准确计算基坑开挖引起的土体变形具有重要的意义;

(2) 无论是 HS 模型还是 HSS 模型,都无法用同一组参数来计算不同应力路径下土体的应力-应变特性;

(3) 虽然 HSS 模型是在 HS 模型的基础上考虑了土体小应变的扩张,但是相同土体刚度下,HS 模型与 HSS 模型的 E_{50}^{ref} 值是不同的;

(4) 对于 HSS 模型,室内三轴压缩试验得到的 E_{50}^{ref} 以及室内三轴拉伸试验得到的 $\gamma_{0.7}$ 值可以组合并较准确地计算基坑开挖引起的土体变形。

第5章

分层地基中基坑开挖对邻近桩筏基础影响简化分析

第 4 章介绍了利用反分析方法，如何合理选择参数用有限元方法准确计算基坑开挖引起的土体变形的方法，然而利用有限元分析需要大量的有限元和土体本构知识，很难成为普遍的工程设计方法。类似于第 3 章建立层状地基中隧道开挖对邻近桩筏基础影响分析的方法，本章拟采用第 4 章的计算结果，进行分析回归，建立基坑开挖引起的周边土体位移的简化计算方法，进一步建立层状地基中基坑开挖对邻近桩筏基础影响的简化分析方法，以达到实践应用的目的。

5.1 基坑开挖引起周边土体自由场位移的简化计算方法

基于两阶段法计算基坑开挖对邻近桩筏基础的影响，首先需要计算基坑开挖引起的土体位移。弹性地基中隧道开挖引起的周边土体自由场位移有既有的理论方法可以计算，而基坑开挖引起的周边土体的位移场尚未有成熟的理论方法见诸报道。对于围护墙的变形以及墙后地表沉降，国内外学者进行了不少研究，本书基于既有计算围护墙侧向变形和墙后地表沉降的经验方法以及上一章有限元计算结果，建立计算坑外土体自由场位移的简化计算方法。

5.1.1 围护墙位移与墙后地表沉降经验方法

对于围护墙位移与墙后土体沉降的既有计算方法在第 1 章中已经进行了介绍。本书主要关注基坑开挖对桩筏基础的影响，也就是说，主要针对基坑最大变形对应的桩筏基础响应进行分析,由此可通过桩筏基础的承受能力确定基坑所能承受的最大变形值。因此,这里不再对基坑最大变形的分析方法进行讨论,而是分析对应某最大位移情况下墙后土体的变形特性。而围护墙的水平位移的分布形式和墙后地表沉降的分布形式对墙后土体变形特性具有重大的影响。经过对文献中各种方法的筛选,本书采用以下较为符合实际情况的围护墙和地表分布形式。

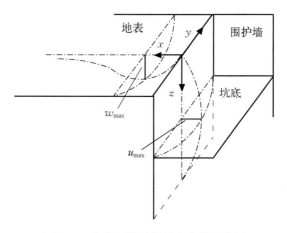

图 5-1　基坑围护墙及地表变形示意图

图 5-1 为典型的基坑围护墙变形和地表沉降三维示意图。由于缺乏有效的围护墙变形曲线统计资料,在中截面($y = 0$)处,围护墙水平变形沿深度分布参考张陈蓉等(2010)推荐的表达式,经过与有限元计算结果对比修正,采用下式来表示:

$$u(0, 0, z) = u_{max} \cdot e^{-\left(\frac{z - H_{max}}{\frac{H + D}{3}}\right)^2} \tag{5-1}$$

式中,u_{max} 为围护墙水平变形最大值,z 为计算点埋深,D 为围护墙入土深度,H 为基坑开挖深度,H_{max} 为围护墙最大变形出现位置的深度,根据 Kung 等(2007)和 Wang 等(2010)的统计资料,显示板式围护墙最大变形出现的位置往往在基坑的开挖深度,所以在缺乏实际资料时,可以取 $H_{max} = H$。

根据既有统计结果和上海市基坑技术规范(DGTJ08-61-2010),墙后地表沉降最大值为围护墙水平变形最大值的 0.8 倍。根据 Hsieh 和 Ou(1998)、Wang 等(2010)以及 Kung 等(2007)的统计及拟合,提出了以下公式来估计墙后地表沉降:

$$w(x,\,0,\,0)=\begin{cases} w_{\max}(x/H+0.5) & (0\leqslant x\leqslant 0.5H) \\ w_{\max}(-0.6x/H+1.3) & (0.5H\leqslant x\leqslant 2H) \\ w_{\max}(-0.05x/H+0.2) & (2H\leqslant x\leqslant 4H) \end{cases} \quad (5-2)$$

式中，x 为计算点到围护墙的距离。

而对于基坑变形沿围护墙方向(y 方向)的变形，Roboski 和 Finno(2006)认为，板式围护基坑地表沉降沿围护墙方向分布形态和围护墙水平变形沿围护墙方法分布形态一致，按照下式分布：

$$w(x,\,y,\,0)=w(x,\,0,\,0)\cdot e^{-\pi\left(\frac{y}{R}\right)^2}=w_0(x)\cdot e^{-\pi\left(\frac{y}{R}\right)^2} \quad (5-3)$$

$$u(0,\,y,\,z)=u(0,\,0,\,z)\cdot e^{-\pi\left(\frac{y}{R}\right)^2}=u_0(z)\cdot e^{-\pi\left(\frac{y}{R}\right)^2} \quad (5-4)$$

式中，$R=\dfrac{L}{2}\left[0.069\ln\left(\dfrac{H}{L}\right)+1.03\right]$，$L$ 为基坑沿围护墙方向的开挖长度。

采用式(5-1)—式(5-4)，即能计算得到对应于基坑开挖引起的围护墙最大水平位移值的围护墙以及地表沉降的分布形式。

5.1.2 基坑周围土体位移场计算方法

上一节介绍了围护墙变形分布和墙后土体沉降变形分布的经验方法，但是，地表以下土体的位移情况不详，无法根据以上经验方法得到。上一章基于 HSS 模型采用反分析法，较为准确地计算了基坑开挖引起的围护墙变形和墙后土体沉降，本节拟采用有限元分析结果对墙后土体变形分布规律进行总结，拟合出墙后地表以下土体变形的计算公式。首先，由于 Block 37 基坑缺省首道支撑，其围护墙变形形态不符合式(5-1)所示情况，为了将基坑标准化，使其围护墙变形规律与式(5-1)所示相似，本书在第 4 章优化后参数的基础上对 Block 37 基坑架设首道支撑，计算基坑开挖引起的土体变形。

图 5-2 所示为有限元计算所得墙后土体水平向和竖向分布情况。从图 5-2(a)可见，围护墙最大位移出现的位置稍高于基坑开挖面位置，所以在采用简化方法计算该项目时采用的 $H_{\max}$ 不等于 H，而采用实际计算所得最大位移位置。距离围护墙 0 m(围护墙)和 1 m 土体水平位移基本一致，随后，随着与围护墙距离的增加，水平位移开始衰减。在离围护墙 1 倍开挖深度的距离范围内，每个截面的水平位移最大值出现在靠近基坑开挖面深度的位置，离围护墙大于 1 倍开挖深度的距离外，土体水平位移最大值出现在地表。且可以看到本书采用

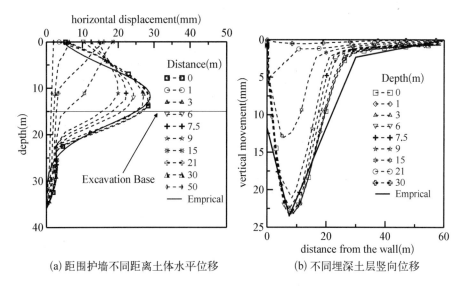

(a) 距围护墙不同距离土体水平位移　　(b) 不同埋深土层竖向位移

图 5-2　墙后土体位移

的围护墙的变形公式计算结果与有限元计算结果基本一致,而在围护墙埋深底部面以下,计算结果较有限元结果小。同样可以从图 5-2(b)看到,距地表 0 m和 1 m 的水平面土体竖向位移基本一致,随着深度的增加,土体竖向位移减小,在开挖面以上,同一个水平面土体最大竖向位移值出现在靠近距围护墙 0.5 倍开挖深度的位置,而在开挖面以下,同一个水平面上土体最大竖向位移出现在靠围护墙的位置。竖向经验方法计算所得地表土体竖向位移基本与有限元计算结果一致。

　　因为围护墙水平位移和墙后地表沉降可以通过经验公式确定,因此,研究土体水平位移沿水平方向的衰减规律和土体竖向变形沿深度方向的衰减规律是确定墙后土体位移场的关键。图 5-3 所示为水平位移沿水平方向的衰减和竖向位移沿深度方向的衰减规律,从图上可见,在距围护墙 1 m 范围以内,水平位移基本保持一致,且在 0.5 倍开挖深度以内,水平位移随着离围护墙距离的增加先增加后减小,因为在这一深度范围内,随着与围护墙的距离的增加,土体应变先增加后减小(图 5-4),而土体模量在小应变范围内,随着应变的增加而减小(图4-10),导致位移先增加后减小,从图 5-4 可见,应变峰值和位移峰值与围护墙的距离基本一致。而深度超过 0.5 倍距离之后,水平位移随着距离的增加而减小。同样在距离地表 1 m 范围以内,竖向位移基本保持一致,而深度超过 1 m 之后,在距离围护墙 0.5 倍开挖深度范围内,竖向位移先增加后减小,在 0.5 倍开

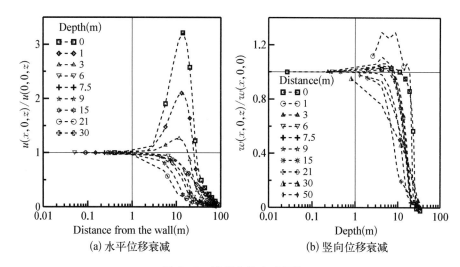

(a) 水平位移衰减　　　　　　　　(b) 竖向位移衰减

图 5‑3　墙后土体衰减规律

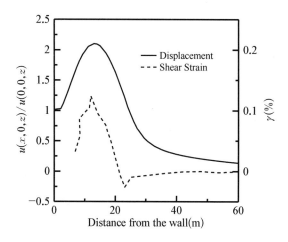

图 5‑4　埋深 1 m 处水平位移峰值和剪应变峰值

挖深度范围以外,土体竖向位移随深度增加而减小。

采用埋深对水平位移衰减曲线进行无量纲化和采用与围护墙距离对竖向位移衰减曲线进行无量纲化,如图 5‑5 所示。图中由于竖向位移衰减在贴近围护墙的位置受接触面单元的影响,无法取得合理的衰减曲线,因此,在拟合过程中,舍去距围护墙 0 m 和 1 m 处竖向位移衰减曲线。从图上可见,可采用如下方程对竖向和水平向衰减的每条曲线进行拟合:

$$\frac{u(x,\,0,\,z)}{u(0,\,0,\,z)} = a_x \cdot \mathrm{e}^{-\left(\frac{\frac{x}{z}-b_x}{c_x}\right)^2} \qquad (5-5)$$

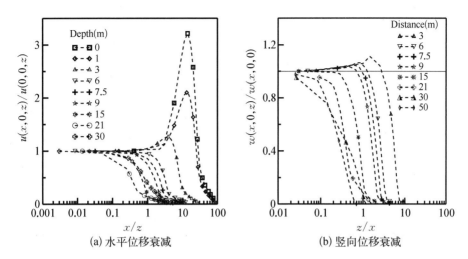

(a) 水平位移衰减　　　　　　　　　(b) 竖向位移衰减

图 5 – 5　归一化后土体位移衰减规律

$$\frac{w(x,\,0,\,z)}{w(x,\,0,\,0)} = a_z \cdot \mathrm{e}^{-\left(\frac{\frac{z}{x}-b_z}{c_z}\right)^2} \tag{5 – 6}$$

式中,$u(0,\,0,\,z)$ 为围护墙水平位移,$w(x,\,0,\,0)$ 为墙后地表沉降,a_x、b_x、c_x、a_z、b_z 和 c_z 为需要拟合的参数。

采用式(5-5)和式(5-6)对各条曲线拟合后的系数如表 5-1 所列。从表上可见,各系数均随着深度或者距离的增加而减小,说明可建立各系数与深度或者距离的关系式。同时,为了考虑开挖深度的影响,本书采用与开挖至 15 m 时相同的处理方法,对 Block 37 项目分别开挖至 7 m 和 12 m 时的位移衰减曲线也进行拟合,最后将所有系数分别与距离和开挖深度比值(x/H)或者深度与开挖深度比值(z/H)建立关系,如图 5-6 所示。

表 5 – 1　各曲线拟合系数

深度或距离 (m)	水　平　向			竖　　向		
	a_x	b_x	c_x	a_z	b_z	c_z
0	3. 153	14. 51	12. 86	—	—	—
1	2. 031	13. 25	14. 62	—	—	—
3	1. 243	3. 076	5. 938	1. 129	1. 646	3. 81
6	1. 003	0. 304 1	3. 286	1. 098	0. 772 2	1. 854
7. 5	1. 012	−0. 147 7	2. 743	1. 075	0. 621 7	1. 42

深度或距离 （m）	水　平　向			竖　　向		
	a_x	b_x	c_x	a_z	b_z	c_z
9	1.009	−0.079	1.896	1.065	0.442 1	1.231
15	1.01	−0.533 3	0.850 1	1.024	0.177 3	0.668 7
21	1	0	0.463 2	1.02	0.016 4	0.427 6
30	—	—	—	1	0.212 5	0.463 3
50	—	—	—	1.067	−0.077 1	0.389 3

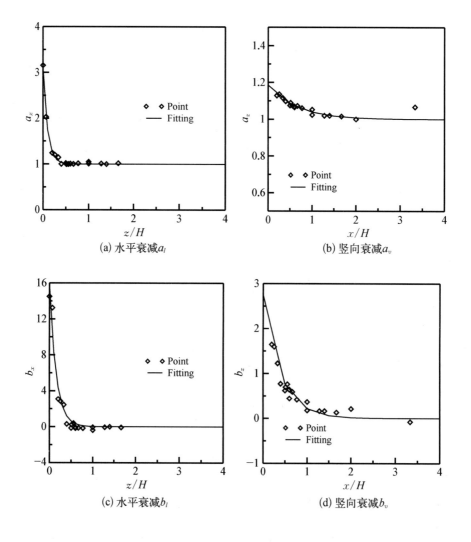

(a) 水平衰减a_l　　　　　　　(b) 竖向衰减a_v

(c) 水平衰减b_l　　　　　　　(d) 竖向衰减b_v

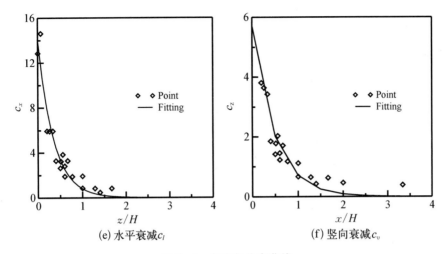

(e) 水平衰减 c_l　　　　　　　　　(f) 竖向衰减 c_v

图 5 - 6　各系数分布曲线

从图 5 - 6 可见,各系数随着 z/H 或者 x/H 的增大而减小,并且可以用以下式子来拟合:

$$a_x = 1 + \mathrm{e}^{-10.47\frac{z}{H}+0.76} \tag{5-7a}$$

$$b_x = \mathrm{e}^{-6.45\frac{z}{H}+2.76} \tag{5-7b}$$

$$c_x = \mathrm{e}^{-2.86\frac{z}{H}+2.64} \tag{5-7c}$$

$$a_z = 1 + \mathrm{e}^{-1.56\frac{x}{H}-1.68} \tag{5-7d}$$

$$b_z = \mathrm{e}^{-2.56\frac{x}{H}+1.02} \tag{5-7e}$$

$$c_z = \mathrm{e}^{-2.09\frac{x}{H}+1.75} \tag{5-7f}$$

结合式(5 - 1)、式(5 - 4)、式(5 - 5)和式(5 - 7),可以得到在最大水平位移已知时墙后任意点土体水平位移计算式:

$$u(x,\ y,\ z) = u_{\max} \cdot a_x \cdot \mathrm{e}^{-\left(\frac{z-H_{\max}}{H+D}\right)^2 - \pi\left(\frac{y}{R}\right)^2} \cdot \mathrm{e}^{-\left(\frac{\frac{x}{z}-b_x}{c_x}\right)^2} \tag{5-8}$$

结合式(5 - 2)、式(5 - 3)、式(5 - 6)和式(5 - 7),可以得到墙后任意点土体竖向位移计算式:

$$w(x, y, z)$$

$$= \begin{cases} 0.8u_{\max} \cdot a_z \cdot \left(\dfrac{x}{H} + 0.5\right) e^{-\pi\left(\frac{y}{R}\right)^2} \cdot e^{-\left(\frac{x-b_z}{c_z}\right)^2} & (0 \leqslant x \leqslant 0.5H) \\[3mm] 0.8u_{\max} \cdot a_z \cdot \left(-0.6\dfrac{x}{H} + 1.3\right) e^{-\pi\left(\frac{y}{R}\right)^2} \cdot e^{-\left(\frac{x-b_z}{c_z}\right)^2} & (0 \leqslant x \leqslant 0.5H) \\[3mm] 0.8u_{\max} \cdot a_z \cdot \left(-0.05\dfrac{x}{H} + 0.2\right) e^{-\pi\left(\frac{y}{R}\right)^2} \cdot e^{-\left(\frac{x-b_z}{c_z}\right)^2} & (0 \leqslant x \leqslant 0.5H) \end{cases}$$

$$(5-9)$$

式中，$u_{l,\max}$ 为围护墙最大水平位移值，$R = \dfrac{L}{2}\left[0.069\ln\left(\dfrac{H}{L}\right) + 1.03\right]$，$L$ 为基坑沿围护墙方法开挖长度，H 为基坑开挖深度，a_x、b_x、c_x、a_z、b_z 和 c_z 可见式 (5-7)。

5.1.3 计算方法验证

采用本书方法计算标准化后的 Block 37 基坑墙后土体位移，如图 5-7 和图 5-8 所示，分别为围护墙水平位移和墙后地表沉降的三维分布图。图 5-9 所示为在距离围护墙 0 m、3 m、6 m、9 m 和 15 m 处本书简化方法计算所得位移和有限元计算所得位移的比较。从图上可见，本书方法计算所得位移分布与有限元计算所得位移分布基本相似，且最大值基本一致。综上，本书计算方法是合理可行的。

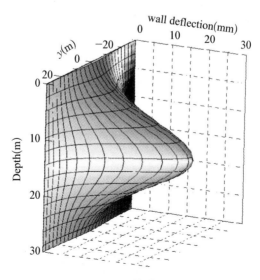

图 5-7 围护墙位移图

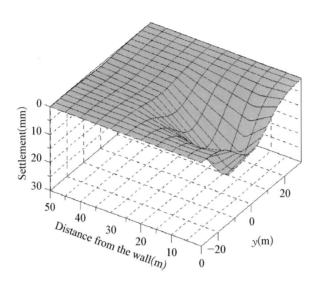

图 5-8　墙后地表沉降

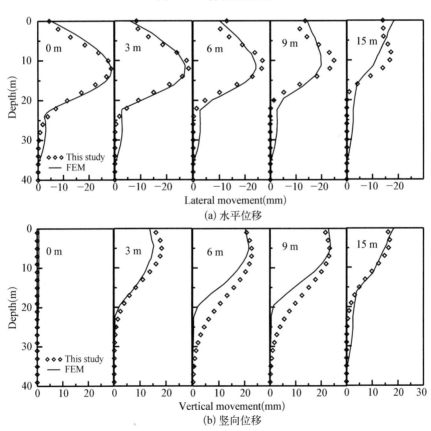

(a) 水平位移

(b) 竖向位移

图 5-9　围护墙后竖向截面位移对比

同时,本书也对芝加哥地区一实际基坑工程进行了分析。该实际工程为 HRD‐4 基坑,位于芝加哥市区,基坑开挖深度为 12 m,详细情况可见 Finno 和 Harahap(1991)。图 5‐10 所示为本书计算结果与实测结果的对比,从图上可见,在距离围护墙 4 m 的位置,本书计算结果要远小于实测结果,这是因为本书计算方法认为土体是个连续体,土体位移是连续的,而 Finno 和 Harahap(1991)指出,在距离围护墙 5～6 m 处,土体顶部有一道较大的裂隙,因而使围护墙后距地表较浅的位置土体水平位移较大,在埋深较大位置,本书方法预测结果与实测结果符合得较好。由以上分析可知,本书方法只能计算土体连续的情况,而对于坑外土体开裂的情况,计算结果并不理想。

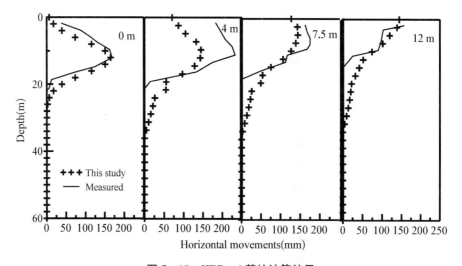

图 5‐10 HRD‐4 基坑计算结果

基于 Block 37 和 HRD‐4 基坑,将本书方法计算结果和 FEM 计算结果以及实测结果进行了对比,可以看出本书方法是合理可行的,但是该方法也具有一定的限制:

(1) 需要借助其他方法计算基坑开挖引起的最大围护墙水平位移;

(2) 仅限于软土地区支撑架设较早,围护墙呈鱼腹式变形的情况,而不适用于悬臂梁式变形情况;

(3) 适用于周边土体连续的情况,对基坑开挖引起周围土体开裂的情况也不适用。

5.2　分层地基中基坑开挖对邻近 桩筏基础的影响分析

根据第 3 章建立的被动桩筏的两阶段简化方法,在本书方法中,土体自由场位移采用 5.1 节所示方法计算,编制程序,可计算层状地基中基坑开挖对邻近桩筏基础的影响。由于目前尚没有基坑开挖对桩基础的理论计算方法见诸报道,且已报道的试验研究结果也仅限于无内支撑、围护墙呈悬臂梁式变形的情况。所以,本书采用有限元方法对基坑开挖对邻近桩筏基础的影响进行验证。

5.2.1　基坑开挖对邻近单桩影响的验证

采用本书方法以及三维有限元方法对如图 5‐11 所示邻近基坑的单桩进行分析,其中基坑周边土体、围护形式、开挖步骤与 Block 37 相同,但是,采用 5 道

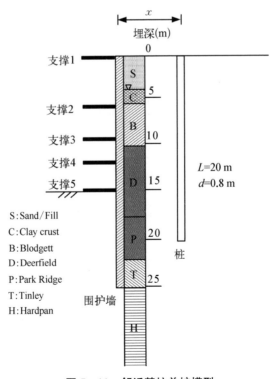

图 5‐11　邻近基坑单桩模型

支撑,首道支撑架设于支撑顶部,且不考虑预开挖。土体参数可参见表4-10,其中,Blodgett、Deerfield、Park Ridge三层土体的参数采用第4章优化后所得小应变模型参数,见表4-11,其中各土层弹性模量首先根据式(5-10)计算每层土中心点处的E_{50},再根据芝加哥地区经验取6倍的E_{50}为弹性模量。取桩与围护墙的距离分别为3 m和5.4 m进行计算,假设桩与土不产生滑移。

$$E_{50} = E_{50}^{ref} \left(\frac{c\cos\varphi - \sigma_3'\sin\varphi}{c\cos\varphi + p^{ref}\sin\varphi} \right)^m \tag{5-10}$$

图5-12所示为桩位处自由场土体位移简化方法计算结果和有限元计算结果的对比。从图上可见,在两个桩位处,水平位移简化方法计算结果和有限元计算结果基本一致。距离围护墙3 m桩位处,竖向位移简化方法计算结果和有限元计算结果相近,而在距离围护墙5.4 m桩位处,竖向位移计算结果要稍大于有限元计算结果。

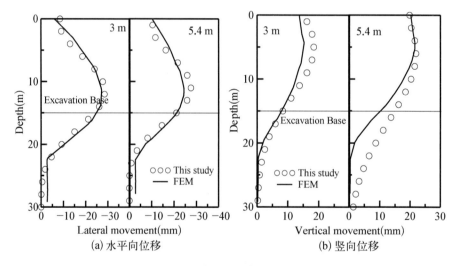

图5-12 桩位处土体自由场位移

图5-13所示为距离围护墙3 m和5.4 m处桩的变形及受力特性。从图上可见,本书简化方法计算所得桩身竖向位移和水平位移分布和大小与有限元计算结果较为一致,由于在距离围护墙5.4 m处开挖面以下,本书简化方法计算所得土体位移与有限元所得土体位移相差较大,有限元计算所得竖向位移沿竖向衰减要比简化计算方法所得竖向位移衰减快,从而造成有限元计算所得桩基轴力最大值出现位置要比简化方法计算所得桩基轴力最大位置高。

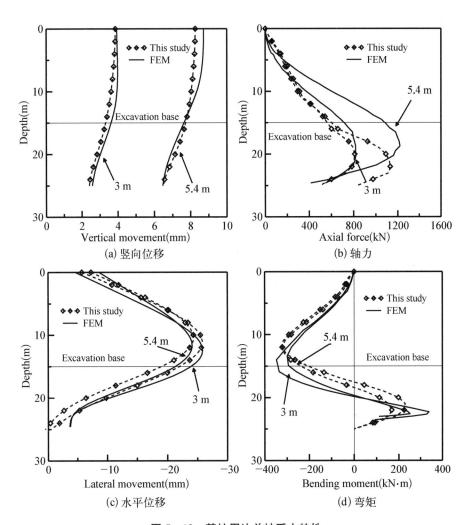

(a) 竖向位移

(b) 轴力

(c) 水平位移

(d) 弯矩

图 5-13　基坑周边单桩受力特性

5.2.2　基坑开挖对邻近桩筏影响的分析

为了进一步分析本书方法的可靠性,采用本书方法对如图 5-14 所示模型进行分析。基坑开挖步骤以及参数与 5.2.1 节图 5-11 相同。计算结果如图5-15 所示,从图上可见,本书方法计算结果和有限元方法计算结果较为接近,计算结果中存在的差异其产生原因跟单桩分析时一致。而且可以看到,由于在简化方法中不考虑土体与筏板分离,即土体可以承受拉力,由于筏板下土体竖向位移较桩基要大,拉动筏板往下移动,而造成了桩筏基础中前、后桩均受压的情况。

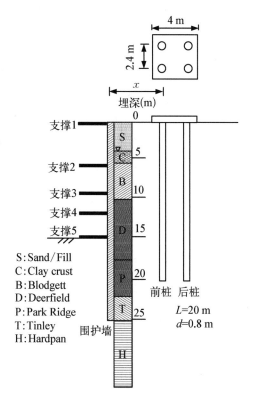

图 5-14 基坑开挖对邻近桩筏基础影响分析模型

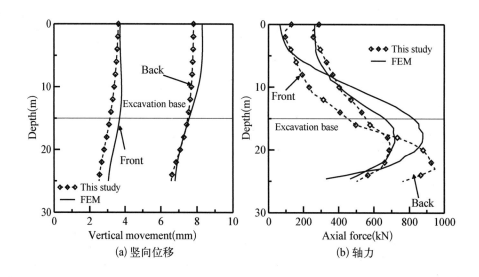

(a) 竖向位移   (b) 轴力

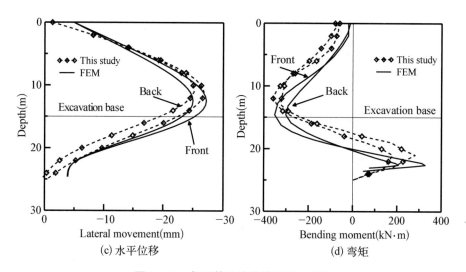

(c) 水平位移　　　　　　　　(d) 弯矩

图 5－15　邻近基坑桩筏基础受力特性

由以上分析,可知本书方法是正确可行的。

5.3　分层地基中基坑开挖对邻近桩筏基础的影响参数分析

验证了本书方法的合理性之后,此处对桩筏基础受力特性产生影响的参数进行分析。由 5.1 节中的分析可知,影响基坑周边土体自由场位移的主要参数包括:开挖深度 H,基坑围护墙最大变形 $u_{\max}$(主要反应围护墙刚度),桩基与围护墙的距离和土层分布。由第 4 章中的分析可知,地下工程开挖对桩筏基础中桩基的受力特性的影响和地下工程开挖对单桩的受力特性的影响规律是一致的,因此,这里针对开挖深度 H、基坑围护墙最大变形 $u_{\max}$、桩基与围护墙的距离和土层分布等几项参数对桩基受力特性的影响进行分析。

5.3.1　开挖深度的影响

采用图 5－11 所示模型,令桩距离围护墙距离为 3 m,通过调整围护体系刚度,保持围护墙最大水平位移 $u_{\max} = 29$ mm,开挖深度分别设为 3.75 m、7.5 m、15 m 和 30 m,计算基坑开挖深度对单桩的影响。计算结果如图 5－16 所示。从图上可见,随着开挖深度的增加,竖向位移和轴力随之增加。当开挖深度小于 3.75 m 时,桩基水平向呈现悬臂式变形,开挖深度大于 3.75 m 小于桩长时,桩基呈现鱼腹式变形,开挖深度大于桩长时,呈现出整体倾斜的趋势,最大水平位移随着开挖深度的增加而增加。从弯矩图上可以看到,当开挖深度小于桩长时,弯矩随着开挖深度的增加而增加,而开挖深度大于桩长时,弯矩反而减小。从该分析可以得知,要对邻近桩基进行位移控制时,开挖深度应越小越好,而若需对桩基进行受力控制保护桩基自身安全时,开挖深度应该避开桩底位置,且越小越好。

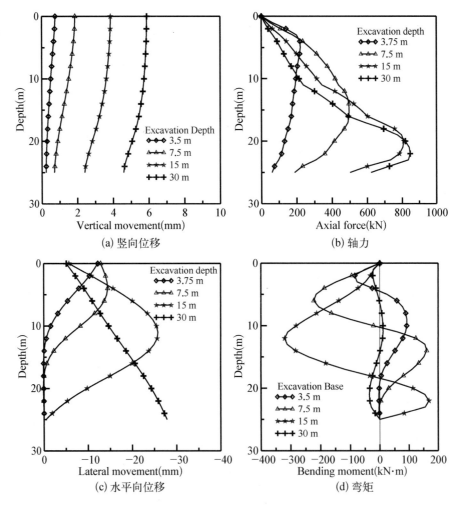

图 5-16　基坑开挖深度对邻近桩筏的影响

5.3.2　最大围护墙水平变形的影响

　　这里,保持开挖深度为 15 m,桩基距离围护墙 6 m,设置最大围护墙变形为 10 mm、20 mm、30 mm 和 40 mm,其他参数同 4.3.1 节所述。计算结果如图 5‑17 所示。从图上可见,随着围护墙最大位移的增加,桩身位移和内力均增加,也就是说,随着围护体系的刚度减小,围护墙位移增加,桩身位移和内力也增加。但是最大值出现的位置不变,也就是说,位移分布规律不随围护墙最大位移的变化而变化。且从图 5‑18 可以看到,最大位移和内力随着围护墙最大变形的增加而线性增长。

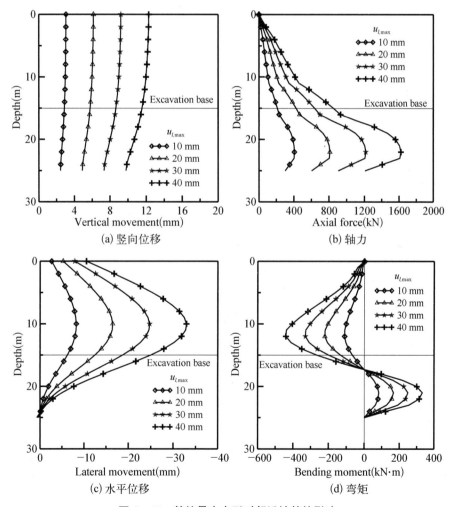

(a) 竖向位移　　　　　　　　　　(b) 轴力

(c) 水平位移　　　　　　　　　　(d) 弯矩

图 5‑17　基坑最大变形对邻近桩基的影响

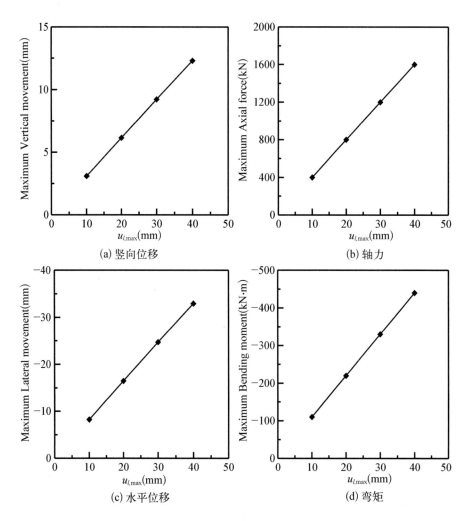

图 5‑18   基坑最大变形对邻近桩基的最大位移与内力的影响

5.3.3   桩基与围护墙的距离的影响

根据图 5‑11 所示模型,设置桩基与围护墙的距离分别为 3 m、6 m、12 m 和 24 m。图 5‑19 所示为计算结果,从图可见,竖向位移和轴力随着距离的增加先增加后减小,且在靠近距围护墙 0.5 倍开挖深度的地方达到最大值,在距离围护墙 0.5 倍开挖深度距离内,随着距离的增加而增加,而在 0.5 倍开挖深度距离以外,随着距离的增加而减小。随着距离的增加,桩基水平位移减小,且最大位移出现的位置随之往上移动。桩身弯矩也呈现相同的规律。

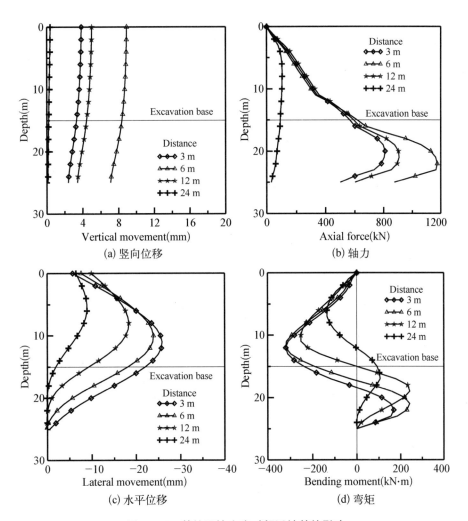

(a) 竖向位移

(b) 轴力

(c) 水平位移

(d) 弯矩

图 5-19　基坑开挖宽度对邻近桩基的影响

5.3.4　土层分布的影响

　　如图 5-20 所示,三层地基中邻近基坑开挖的单桩,开挖深度为 15 m,围护墙长为 24 m,桩基距围护墙 3 m,假设围护墙最大位移为 29 mm,设置三层土体模量的比值分别为 1∶2∶4、1∶4∶2、2∶1∶4、2∶4∶1、4∶1∶2 和 4∶2∶1 计算基坑开挖对邻近桩基的影响。计算结果如图 5-21 所示。从图上可见,坑外土体分布对桩基水平位移基本没有影响,这是因为在自由场土体的简化计算方法中,不能显示地考虑坑外土体分布的影响。从桩顶弯矩可以看到,在土体弹性

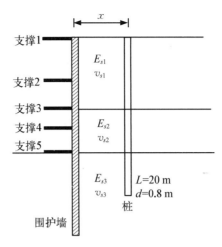

图 5–20 三层土体中桩-基坑体系计算示意图

模量较大时,桩身承受的弯矩也较大。竖向位移和轴力受坑外土体分布影响较大。可以看到,桩底土模量越大,桩基竖向变形越小,且土层从上往下刚度越来越大时,桩基的变形最小。说明桩基附加沉降受桩基所在土层分布有关而不受基坑开挖面所在土层控制。且从轴力图上可以看到,在顶层土中,桩段的轴力随着顶层土的模量从 1—2—4 慢慢变大,同样,在底层土中也呈现出相同的规律,而在中间土层则是进行过渡,可见桩段所在土层刚度越大,桩段承受的轴力也越大。且当上覆层土层模量较大时,桩基最大轴力出现的位置比较靠上。同样,桩段所在土层刚度越大,桩段所承受的弯矩也越大。

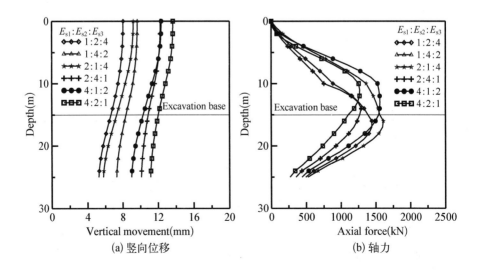

(a) 竖向位移 (b) 轴力

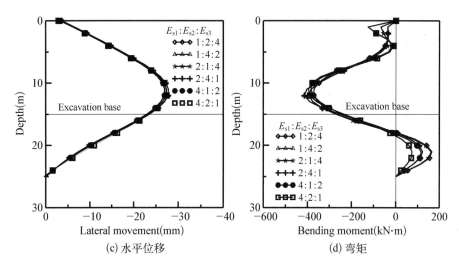

(c) 水平位移　　　　　　　　　　(d) 弯矩

图 5‑21　基坑围护体系刚度对邻近桩基的影响

5.4　本 章 小 结

本章基于小应变有限元分析结果,采用曲线拟合了基坑周边土体的位移衰减规律,并结合经验围护墙位移和墙后土体地表沉降经验计算公式建立了基坑周边土体自由场位移的简化计算方法,并且通过该方法可以根据桩基本身的承受能力计算得到基坑允许的最大变形。通过和 FEM 方法以及实测方法的对比,验证了该简化方法的正确性,但该简化方法具有一定的局限性:

（1）需要通过其他方法先计算得到基坑围护墙的最大变形,才能计算周边土体的位移分布;

（2）仅限于软土地区支撑架设较早,围护墙呈鱼腹式变形的情况,而对于悬臂梁式变形情况,有待于进一步完善;

（3）适用于周边土体连续的情况,对基坑开挖引起周围土体开裂的情况不适用。

在此基础上,利用第 3 章中邻近隧道被动桩筏的情况建立方法,分析了基坑开挖引起被动桩筏基础的响应,并对基坑开挖对邻近桩基的影响进行了参数分析,得出如下结论:

（1）若需对桩基进行位移控制,则基坑开挖深度应越小越好,而需要对桩基本身进行保护而进行内力控制时,基坑开挖深度应避开桩底位置,在此基础上,应采用小于桩长越小越好；

（2）桩基变形和内力都随着围护墙大最大变形的增加而线性增加，也就是说，提高围护体系的刚度和控制施工工艺控制围护墙产生的最大位移能够有效地减小对邻近桩筏基础的影响；

（3）在离围护墙 0.5 倍开挖深度距离以内，桩基竖向位移和轴力均随着与围护墙的距离的增加而增加，而在此范围以外，随着距离的增加而减小，但是，桩基水平位移和弯矩均随着距离的增加而减小；

（4）坑外土体分布对邻近基坑的桩基的水平向受力特性影响较小，而对桩基竖向受力特性影响较大，桩基沉降主要受桩底所在土层的刚度控制，且桩段所在土层刚度越大，桩段所受内力也越大。

第6章

结论与展望

随着城市地下工程的兴起,地下工程开挖对周边建筑的影响分析也越来越重要,本书在分析国内外主动桩、被动桩和基坑开挖引起土体位移的研究现状的基础上,建立了分层地基中复杂荷载作用下桩筏基础的计算方法和分层地基中地下工程(隧道和基坑)开挖对邻近桩筏基础影响的计算方法,并采用该方法对分层地基中主动桩筏和被动桩筏基础的承载特性进行了分析,下面对本书研究的主要内容、结论以及不足进行了总结。

6.1 主要研究内容及结论

本书的一项重要工作是基于层状弹性体系基本解,采用差分方法,考虑桩-桩、桩-土、桩-筏和筏-土相互作用,建立了层状地基中复杂荷载作用下桩筏基础的计算方法。通过与既有方法计算结果和有限元计算结果的对比验证了该方法的正确性,并在此基础上对复杂荷载作用下层状地基中桩筏基础的承载特性进行了研究。研究表明,小变形情况下,竖向荷载的存在对桩筏基础水平向受力特性影响不明显,而水平荷载和弯矩的存在则会使桩筏基础产生倾斜,导致前桩受拉、后桩所受压力增加的情况。

基于层状弹性体系基本解,考虑桩-桩、桩-土相互作用、加筋效应和遮拦效应,以及筏板对桩和土的约束作用,建立了分层地基中隧道开挖对邻近桩筏基础影响的计算方法,并通过与既有方法计算结果、试验结果和DCFEM方法计算结果的对比来验证本书方法的正确性。最后利用本书编制的程序对层状地基中影响邻近隧道的被动桩筏基础的受力特性的因素进行了参数分析,得出如下一些结论:

（1）通过验证，证明本书方法是正确的，具有较高的精度，且理论意义明确，较为简单，可推广应用；

（2）隧道离桩基越远，影响越小，隧道埋深在桩长 0.5 倍范围以内时，对桩基影响较小，当隧道埋深在 0.5～1 倍桩长范围内时，隧道开挖对桩基影响较大，且应避开两个边界，使隧道埋深在中间位置（0.75 倍桩长）附近，太浅则造成过大内力，太深则造成过大位移；

（3）隧道埋置在较硬的下卧层时，对邻近的桩基影响较小，所以，在实践隧道设计时，应当选择较硬的下卧层作为隧道的埋置土层；

（4）地下工程开挖经常要遇到回填土体的情况，回填较硬上覆土层对减少桩基附加变形和内力帮助较小，因此，回填土体时，没必要大量提高成本特意选用硬土回填来减小隧道开挖对邻近桩筏基础的影响；

（5）下卧层土体刚度变化对桩基水平响应影响较大，上覆土层刚度变化对桩基水平响应影响较小，在多层地基中，隧道所在土层的土体刚度对被动桩基的影响最大；

（6）在进行被动群桩的分析时，需要考虑遮拦效应的影响，以及桩基变形对遮拦效应的削减作用，且遮拦效应对被动桩基竖向受力特性的影响较大，而对被动桩基的水平向受力特性的影响较小；

（7）被动桩筏基础分析过程中，在不考虑上部主动荷载时，被动位移将使土体与筏板分离，因此可不考虑筏板与土的相互作用，在桩筏分析时，需要考虑竖向与水平向受力特性的耦合作用，这对桩身上半段的受力特性具有较大的影响；

（8）桩筏基础中基桩的受力特性主要与桩和隧道的距离有关，因此，在同一排的桩基的受力特性类似。

本书的第三项工作为基于芝加哥市区 Block 37 基坑工程的室内三轴试验结果和现场实测结果，采用 HS 模型和 HSS 模型，研究了如何利用反分析技术获得合理的计算参数来计算土体的响应，并探讨了如何利用不同应力路径三轴试验土体参数来合理计算基坑开挖引起的土体位移，得出以下一些结论：

（1）反分析方法是可以利用实测结果来确定土体参数的有效方法，可以用前期的实测结果反分析得出合理的参数来计算后续施工引起的位移，有助于优化设计和施工；

（2）在基坑变形分析中，考虑土体小应变特性的影响对于准确计算基坑开挖引起的土体变形具有重要意义，不考虑小应变影响时，会高估了土体的刚度，或者过高地估计应变较小时基坑周边的土体位移；

（3）无论是 HS 模型还是 HSS 模型，都无法用同一组参数来计算不同应力路径下土体的应力应变特性，且通过对不同土样的不同应力路径下土体应力-应变特性的分析，认为 Block 土样的质量要比 Tube 土样的质量高；

（4）虽然 HSS 模型是在 HS 模型的基础上考虑土体小应变特性的扩展模型，但是因为考虑了不同的剪胀特性，相同土体刚度下，HS 模型与 HSS 模型的 E_{50}^{ref} 值是不同的，不能将 HS 模型分析中所得的 E_{50}^{ref} 值直接应用于基于 HSS 模型的研究分析中；

（5）对于 HSS 模型，基于室内三轴压缩试验得到的 E_{50}^{ref} 与基于现场实测得到的 E_{50}^{ref} 值较为接近，而基于室内三轴拉伸试验得到的 $\gamma_{0.7}$ 与基于现场实测得到的 $\gamma_{0.7}$ 较为接近，且室内三轴压缩试验得到的 E_{50}^{ref} 可与室内三轴拉伸试验得到的 $\gamma_{0.7}$ 值组合并较准确地计算基坑开挖引起的土体变形。

同时，本书基于小应变有限元分析结果，拟合了墙后土体位移衰减曲线，并结合围护墙位移和墙后地表沉降计算的经验方法，建立了基坑周边土体自由场位移的简化计算方法，并且通过和 FEM 结果以及实测结果的对比验证了该简化方法的正确性。在此基础上，与建立邻近隧道被动桩筏的方法相同，建立了邻近基坑的被动桩筏基础的计算方法，通过与 FEM 结果的对比，验证了本方法的正确性，并对基坑参数对邻近基坑被动桩基的影响进行了分析，得出如下结论：

（1）本书建立的基坑开挖引起的土体自由场位移的计算方法是正确的，具有一定的合理性；

（2）经过验证，本书建立的计算基坑开挖对邻近桩筏基础的影响的方法是合理可行的；

（3）基坑开挖深度应越小越好，且基坑开挖深度应避开桩底位置；

（4）基坑围护墙应该避开距离桩基 0.5 倍开挖深度的位置，在距离围护墙 0.5 倍开挖深度距离以内桩基位移和内力均随着距离的增加而增加，而在与围护墙距离超过 0.5 倍开挖深度时，随着距离增加，桩基附加位移和内力均减小；

（5）应当采用刚度较大的支撑围护体系来减小基坑开挖引起的最大位移，邻近桩基的附加位移和内力随着基坑开挖引起的最大围护墙水平位移的增加呈线性增长；

（6）桩基的附加沉降主要由桩底所在土层的刚度控制，而附加水平变形与基坑开挖引起的土体水平变形基本一致，所在土层刚度越大，则桩基段的附加内力也越大，应当对处于土性较好的土层中的桩基内力进行验算。

6.2　展望及进一步研究方向

虽然本书工作取得了一定得研究成果,且具有较强的创新性,但是,本书方法也具有一定的局限性,可以在以下方面做进一步的研究:

(1) 对于层状弹性体中,桩筏基础的计算效率还有待提高;

(2) 本书仅限于刚性筏板的计算,弹性筏板以及复杂形状的筏板的计算分析可进一步研究;

(3) 本书采用的 HS 模型和 HSS 模型无法利用同一组参数计算土体在不同应力路径下的应力-应变特性,可以进一步寻找一种合适的土体模型,可以用同一组参数模拟各应力路径下土体的响应;

(4) 基坑自由场位移的计算方法有待进一步实践验证,现在的方法只适用于围护墙鱼腹式变形的情况,对于围护墙悬臂式变形有待进一步研究,且围护墙的水平变形的计算方法也有待进一步优化。

附录 1　室内三轴试验反分析结果

　　本书列出了反分析后的参数,以及优化后 Blodgett 在普通坐标下的应力-应变曲线,为了简便的看到土体小应变特性,这里列出了优化后各试验在对数坐标下的应力-应变曲线。

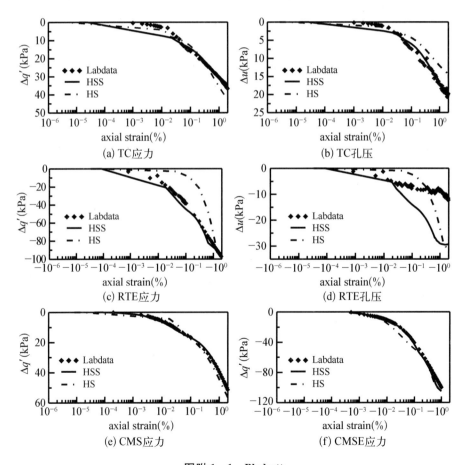

图附 1－1　**Blodgett**

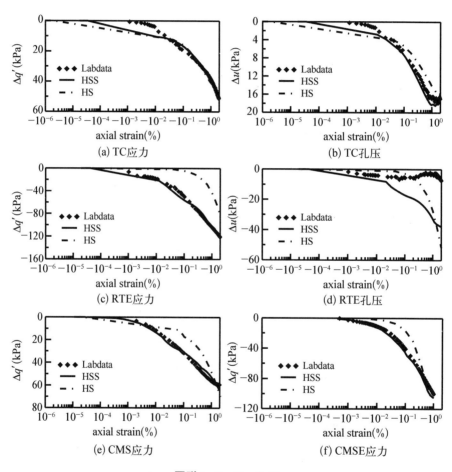

图附 1 - 2　**Deerfield**

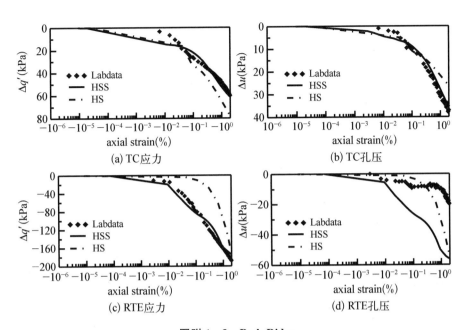

(a) TC应力　　　　　　　　　(b) TC孔压

(c) RTE应力　　　　　　　　　(d) RTE孔压

图附 1 - 3　Park Ridge

附录 2 Block 37 基坑周边各截面实测水平位移值

除书中所示测斜仪实测数据外,以下列出了其他截面施工环节引起测斜仪的读数。

截面 A

截面 A 在离围护墙西北角往东 24 m 的地方,包括三个测斜仪(INC-60A、INC-61A 和 INC-62A)。调整后,测斜仪于 2/20/2007 开始记录位移。图附2-1—图附 2-3 分别是 INC-60A、INC-61A 和 INC-62A 记录的位移值。

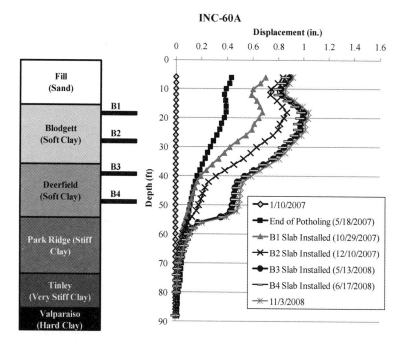

图附 2-1 INC-60A 位移

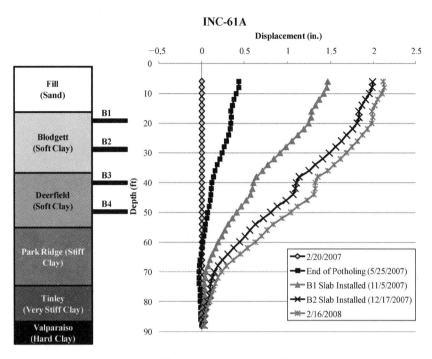

图附 2 - 2　INC - 61A 位移

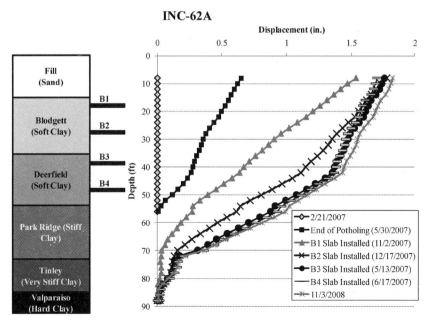

图附 2 - 3　INC - 62A 位移

INC-60A 的数据没有进行修正,因为第一次读数的时间是 1/10/2007,离假定的 2/20/2007 很近。INC-60A 在墙后离墙 7.5 m 的地方,因此其读数比 A 截面其余 2 个测斜仪的读数要小。

INC-61A 的数据的开始记录时间调整到了 2/20/2007;且在 2/16/2008 以后,测斜仪开始向反向位移,这可能是因为测斜仪本身在土中的相对移动造成,因此,2/16/2008 以后的数据,本书都没有采用。

由于在 9/7/2007—10/26/2007 这段时间 INC-62A 的数据缺失,本书认为,该段时间内 INC-62A 的读数和 INC-61A 的读数是一样的,所以采用了 INC-61A 的读数来补足 INC-62A 的缺失部分。INC-62A 数据没有再做其他修正。

本书中 INC-62A 的数据被认为是可以较为合理地代表 A 截面位移的数据。

截面 B

截面 B 位于 A 截面以东 19.5 m 处,包括 2 个测斜仪(INC-61B 和 INC-62B)。该截面所有数据开始记录的日期为 3/29/2007,图附 2-4 和图附 2-5 分别为 INC-61B 和 INC-62B 记录的位移值。

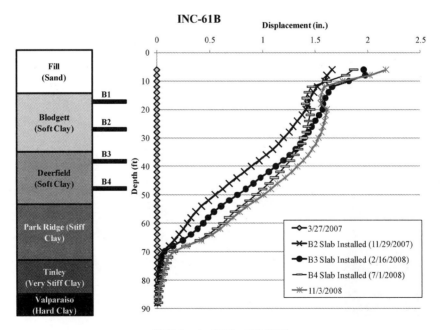

图附 2-4   INC-61B 位移

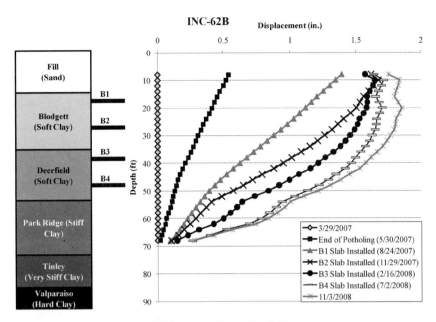

图附 2 - 5　INC - 62B 位移

本书对 INC - 61B 的数据进行了多项修正。首先,起始日期修正到 3/27/2007;第二,该测斜仪缺失了将近 7 个月(3/27/2007—10/26/2007)的数据,因此采用 INC - 62B 的数据来补足该段时间缺失的部分,因为缺失的部分太多,不得不重新埋置该测斜仪,因此它无法记录预开挖,第一阶段基坑开挖的引起的位移;第三,埋深在 INC - 62B 底面以下的数据采用 INC - 61A 的数据来修正,但是 INC - 61B 和 INC - 61A 相距约 19.5 m,这个估计可能不是很精确,但是结果显示,每个测斜仪底部的位移都相当接近,所以也不失为一个办法。

对于 INC - 62B 的数据也进行了几项修正来估计围护墙底的位移。因为 INC - 61B 埋深较深,因此认为墙底的位移可以由 INC - 61B 测得,所以,将 INC - 62B 的数据修正到 INC - 62B 底部的位移等于 INC - 61B 同一深度处的位移。

该截面中,本书采用 INC - 62B 的位移来作为计算对比依据。

截面 C

该截面位于距围护墙东北角往东 22.5 m 的位置,包括两个测斜仪(INC - 61C 和 INC - 62C)。开始记录数据的时间为 2/20/2007。图附 2 - 6 和图附 2 - 7 分别为 INC - 61C 和 INC - 62C 记录的位移值。

对于 INC - 61C 的数据进行了如下几项修正:第一,该测斜仪的读数开始日

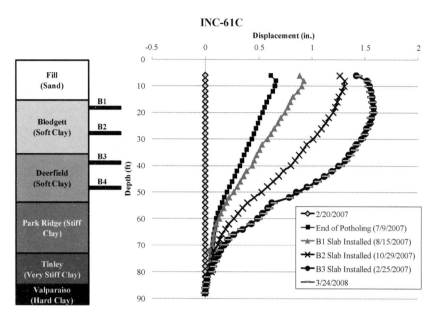

图附 2‐6　INC‐61C 的位移（考虑预开挖）

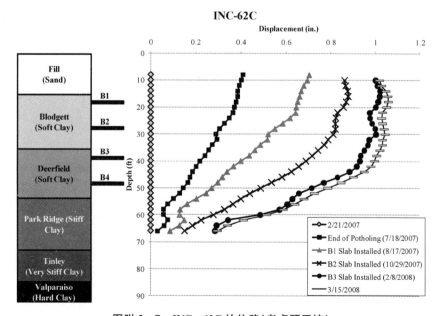

图附 2‐7　INC‐62C 的位移（考虑预开挖）

期为 12/6/2006,但本书采用 2/20/2007 的数据作为开始读数日期;在 3/20/2008 之后,测斜仪底部 12 m 被岩屑填充无法测量数据,因此认为,该时间以后,底部没有发生位移,但是基于该假设,测斜仪的位移读数为负值,不符合实际情况,因此本书不采用 3/24/2008 以后的数据。

对于 INC‑62C 的数据进行的修正包括:第一,采用 INC‑61C 的数据来修正 INC‑62C 的底部的位移,使 INC‑62C 底部的位移等于 INC‑61C 同一深度处的位移;第二,3/15/2008 以后,该测斜仪记录的位移为负值,不符合实际情况,因此该部分数据舍弃不用。

参考文献

[1]   Ai Z Y, Yue Z Q, Tham L G, Yang M. Extended Sneddon and Muki solutions for multilayered elastic materials[J]. Internal Journal of Engineering Science, 2002, 40: 1453 – 1483.

[2]   Allen K, Rosjberg D. A comparison of four inverse approaches to groundwater flow and transport parameter identification[J]. Water Resources Research, 1991, 27(9): 2219 – 2232.

[3]   Atkinson J H, Richardson D, Stallebrass S E. Effect of recent stress history on the stiffness of overconsolidated soil[J]. Géotechnique, 1990, 40: 531 – 540.

[4]   Auvinet G, Mellah R, Masrouri F. Stochastic finite element analyses in geomechanics [J]. Applications of Statistics and Probability, Melchers & Stewart eds. , Balkema, 2000: 79 – 85.

[5]   Bahar L Y. Transfer matrix approach to layered systems[J]. Journal of Engineering Mechanic, 1972, 98: 1159 – 1172.

[6]   Baldi G, Hight D W. State-of-the-art: A reevaluation of conventional triaxial test methods[J]. Advanced triaxial testing of soil and rock, ASTM STP, 1988, 977: 219 – 263.

[7]   Banerjee P K, Davis T G. The behavior of axially and laterally loaded single piles embedded in nonhomogeneous soils[J]. Geotechnique, 1978, 28(3): 309 – 326.

[8]   Benz T, Vermeer P A, Schwab R. A small strain overlay model[J]. International Journal for Numerical and Analytical Methods in Geomechanics, 2009, 33(1): 25 – 44.

[9]   Benz T, Schwab R, Vermeer P. Small-strain stiffness in geotechnical analyses[J]. Bautechnik, 2010, 86(S1): 16 – 27.

[10]   Bellotti R, Jamiolkowski M, Presti D C F, O'Neil D A. Anisotropy of small strain stiffness in TICINO sand[J]. Geotechnique, 1996, 46(1): 115 – 131.

[11]   Benitez F G and Rosakis A J. Three-dimensional elastostatics of a layer and layered

medium[J]. Journal of Elasticity, 1987, 18(1): 3 - 50.

[12] Bezuijen A, Schrier J V D. The influence of a bored tunnel on pile foundations[J]. Centrifuge 1994, 94: 127 - 132.

[13] Bishop A W, Henkel D J. The measurement of soil properties in the triaxial test[J]. London, Edward Arnold, Ltd, 1957.

[14] Blackburn J T, Finno R J. Three-Dimensional responses observed in an internally braced excavation in soft clay[J]. Journal of Geotechnical and Geoenvironmental Engineering, 2007, 133(11): 1364 - 1373.

[15] Bransby P L, Milligan G W E. Soil Deformations near Cantilever Sheer Pile Walls[J]. Geotechnique, 1975, 25(2): 175 - 195.

[16] Brown D A, Shie C F. Three-dimentional Finite Element Model of Laterally Loaded Piles[J]. Computers and Geotechnics, 1990a, 10: 59 - 79.

[17] Bufler H. Theory of elasticity of a multilayered medium[J]. Journal of Elasticity, 1971, 1: 125 - 134.

[18] Burland J B. Ninth Laurits Bjerrum Memorial lecture: "Small is beautiful" — the stiffness of soils at small strain[J]. Can. Geotech. , 1989, 26: 499 - 516.

[19] Burmister D M. The general theory of stresses and displacements in layered systems [J]. Journal of Applied Physics, 1945, 16: 89 - 94, 126 - 127, 296 - 302.

[20] Butterfield R, Banerjee P K. The elastic analysis of compressible piles and pile groups [J]. Geotechnique, 1971, 21(1): 43 - 60.

[21] Callisto L, Rampello S. Shear strength and small-strain stiffness of a natural clay under general stress conditions[J]. Geotechnique, 2002, 52(8): 547 - 560.

[22] Calvello M. Inverse analysis of supported excavations through Chicago glacial clays [D]. Northwestern University, 2002.

[23] Calvello M, Finno R J. Calibration of soil models by inverse analysis[J]. Proc. Int. Symposium on Numerical Models in Geomechanics, NUMOG VIII, Balkema, Rotterdam, the Netherlands, 2002: 107 - 116.

[24] Calvello M, Finno R J. Selecting parameters to optimize in model calibration by inverse analysis[J]. Computers and Geotechnics, 2004, 31(5): 411 - 425.

[25] Carino C. Numerical simulation and analysis of structural systems with input uncertainties [M]//Ayyub, B M. Uncertainty modeling and analysis in civil engineering, CRC Press LLC, 1998.

[26] Caspe M S. Surface Settlement adjacent to Braced opened cuts[J]. Journal of the soil mechanics & foundations division, 1966, 92(4): 51 - 59.

[27] Cerruti V. Ricerche intorno all 'equilibrio de 'corpi elastici isotropi[J]. Reale Accad.

Linc. Ronia, Ser, 1982, 3A(13): 81 - 122.

[28] Chaudhary M T A. FEM modeling of a large piled raft for settlement control in weak rock[J]. Engineering Structures, 2007, 29: 2901 - 2907.

[29] Chen L T, Poulos H G, Hull T S. Model tests on pile groups subjected to lateral soil movement[J]. Soil and Foundations, 1997, 37(1): 1 - 12.

[30] Chen L T, Poulos H G, Loganathan N. Pile responses caused by tunneling[J]. J. Geotech. Geoenviron. Eng. , ASCE, 1999, 125(3): 207 - 215.

[31] Cheng C Y, Dasari G R, Chow Y K, Leung C F. Finite element analysis of tunnel-soil-pile interaction using displacement controlled model[J]. Tunnelling and Underground Space Technology, 2006, 22(4): 450 - 466.

[32] Chow Y K. Analysis of vertically loaded pile groups[J]. International journal for numerical and analytical methods in geomechanics, 1986b, 10: 59 - 72.

[33] Cho W, Holman T P, Jung Y H, Finno R J. Effects of swelling during saturation in triaxial tests in clays[J]. Geotech. Test. J. , 2007, 30(5): 378 - 386.

[34] Chung C K. Stress-strain-strength behavior of compressible Chicago glacial clay tills [D]. Northwestern University, Evanston, 2005.

[35] Clancy P and Randolph M F. Analysis and Design of Piled raft Foundations[M]. Int. J. NAM Geomechs, 1993.

[36] Clayton C R I. Stiffness at small strain: research and practice[J]. Geotechnique, 2011, 61(1): 5 - 37.

[37] Clough G W, Lawrence A H. Clay anisotropy and braced wall behavior[J]. Journal of Geotechnical Division, 1981, 107(7): 893 - 913.

[38] Clough G W, O'Rourke T D. Construction induced movements of in situ walls[J]. Desigh and Performance of Earth Retaining Structure, 1990: 439 - 470.

[39] Clough G W, Schmidt B. Design and performance of excavation and tunnels in soft clay [J]. Elsevier B. V. , 1981, 20: 567 - 634.

[40] Cooke R W. The settlement of friction pile foundations[J]. Proc. Conf. on Tall Buildings, Kuala Lumpur, 1974.

[41] D'Appolonia E, Romualdi J P. Load transfer in end-bearing steel H-piles[J]. Journal of Soil Mechanics Foundation Division, ASCE, 1963, 89(2): 1 - 25.

[42] Duncan J M, Chang C Y. Nonlinear analysis of stress and strain in soil[J]. J. of Soil Mech. and Found. , 1970, 96: 1629 - 1653.

[43] Dyvik R, Madshus C. Laboratory measurements of Gusing bender elements[J]. In advances in the art of testing soils under cyclic conditions (edited by V Khousla), Detroit, ASCE, New York, 1985: 186 - 196.

[44] Ellison R D, D'appolonia E, Theirs G R. Load-deformation mechanism for bored piles [J]. ASCE, 1971, 97(4): 661 – 678.

[45] Finno R J. Evaluating Excavation Support Systems to Protect Adjacent Structures. DFI Journal, Deep Foundations Institute, 2010, 4(2): 3 – 19.

[46] Finno R J, Blackburn J T and Roboski J F. Three-dimensional effects for supported excavations in clay[J]. Journal of Geotechnical and Geoenvironmental Engineering, 2007, 133(1): 30 – 36.

[47] Finno R J, Calvello M. Supported Excavations: Observational Method and Inverse modeling[J]. Journal of Geotechnical and Geoenvironmental Engineering, 2005, 131 (7): 826 – 836.

[48] Finno R J, Cho W J. Recent stress history effect on compressible Chicago glacial clays [J]. Journal of Geotechnical and Geoenvironmental Engineering 2011, in press.

[49] Finno R J, Chung C K. Stress-strain-strength responses of compressible Chicago glacial clays[J]. Journal of Geotechnical Engineering, 1992, 118(10): 1607 – 1625.

[50] Finno R J, Clough G W. Evaluation of soil response to EPB shield tunneling[J]. ASCE, Journal of Geotechnical Engineering, 1985, 111(2): 155 – 173.

[51] Finno R J, Harahap I S, Sabatini P J. Analysis of braced excavations with coupled finite element formulations[J]. Computers and Geotechnics 1991, 12: 91 – 144.

[52] Finno R J, Harahap I S. Finite element analyses of the HDR – 4 excavation[J]. Journal of Geotechnical Engineering, ASCE, 1991, 117(10): 1590 – 1609.

[53] Finno R J, Lawrence S A, Allawh N F, Harahap I S. Analysis of Performance of Pile Groups Adjacent to Deep Excavation[J]. Journal of Geotechnical Engineering, ASCE, 1991, 117(6): 934 – 955.

[54] Finno R J, Roboski J F. Three-dimensional responses of a tied-back excavation through clay[J]. Journal of Geotechnical and Geoenvironmental Engineering, 2005, 131(3): 273 – 282.

[55] Fortuna S, Whittle A J. Prediction of the small strain behaviour of natural Pisa clay by means of the MIT – S1 constitutive model[C]//Hoe I. Ling, Andrew Smythe and Raimondo Betti, Poromechanics IV — Proceedings of the Fourth Biot Conference on Poromechanics[A]. 4th Biot Conference on Poromechanics, New York, U. S. A. , 2009: 1059 – 1064.

[56] Franklin J N, Scott R F. Beam Equation with variable Foundation Coefficient[J]. Journal of the Geotechnical Engineering Divison, ASCE, 1979, 105(5): 811 – 827.

[57] Gabr M A, Lunne T, Powell J J. P-y Analysis of Laterally Loaded Piles in Clay Using DMT[J]. Journal of Geotehcnical Engineering, ASCE, 1994, 120(5): 816 – 837.

[58] Geddes J D. Stress in foundation soils due to vertical subsurface loading [J]. Geotechnique, 1966, 16(2): 231 - 255.

[59] Goh A T C, Teh C I, Wong K S. Analysis of piles subjected to embankment induced lateral soil movements[J]. J. Geotech. Geoenviron. Eng., ASCE, 1997, 123(9): 792 - 800.

[60] Goh A T C, Wong K S, The C I, Wen D. Pile response adjacent to braced excavation [J]. Journal of Geotechnical and Geoenvironmental Engineering, 2003, 129 (4): 383 - 386.

[61] González C, Sagaseta C. Patterns of soil deformations around tunnels: Application to the extension of Madrid Metro[J]. Computers and Geotechnics, 2001, 28: 445 - 468.

[62] Gordon T K, Ng C W W. Effects of advancing open face tunnelling on an existing loaded pile[J]. J Geotech Geoenviron Eng, ASCE, 2005, 131(2): 193 - 201.

[63] Gunn M J. The predictive of surface settlement profiles due to tunnelling. Proc. of the Wroth Memorial Symp., 1993: 304 - 316.

[64] Guo W D. Subgrade modulus for laterally loaded piles[J]. Pro. 8th International Conference Civil and Structural Engineering Computing, CIVIL - COMP2001, Eisenstadt, nrVienna, Austria, 2001a.

[65] Guo W D. Lateral pile response due to interface yielding[C]. Pro. 8th International Conference Civil and Structural Engineering Computing, CIVIL - COMP2001, Eisenstadt, nrVienna, Austria, 2001b.

[66] Hain S J, Lee I K. The analysis of flexible raft-pile systems[J]. Geotechnique, 1978, 28(1): 65 - 83.

[67] Hanna A M, Sharif A. Drag Force on Single Piles in Clay Subjected to Surcharge Loading[J]. International Journal of Geomechanics, 2006, 6(2): 89 - 96.

[68] Hardin B O, Drnevich V P. Shear modulus and damping in soils: Design equations and curves[J]. Journal of the soil mechanics and foundations, 1972, 98: 667 - 692.

[69] Hashash Y M A, Song H, Osouli A. Three-dimensional inverse analyses of a deep excavation in Chicago clays[J]. International Journal for Numerical and Analytical Method in Geomechnics, 2011, 35: 1059 - 1075.

[70] Hashash Y M A, Whittle A J. Mechanisms of load transfer and arching for braced excavations in clay[J]. Journal of Geotechnical and Geoenvironmental Engineering 2002, 128(3): 187 - 197.

[71] Hetenyi M. Beams on Elastic Foundations[M]. University of Michigan Press, Ann Arbor, Mich, 1946.

[72] Hight D W. Sampling effects on soft clay: An update on Ladd and Lambe[C]//

Proceeding of the symposium on soil behavior and soft ground construction, ASCE Geotechnical special Publication No. 119, Cambridge, 2001: 86 - 121.

[73] Hill M C. Five computer programs for testing weighted residuals and calculating linear confidence and prediction intervals on results from the ground-water parameter estimation computer program MODFLOWP[R]. U. S. Goelogical Survey open-file report 93, 1994: 481 - 562.

[74] Hill M C. Methods and guidelines for effective model calibration[R]. U. S. Geological Survey Water-Resources investigations report 98, 1998: 4005 - 4095.

[75] Holman T P. Small strain behavior of compressible Chicago glacial clay [D]. Northwestern University, Evanston, 2005.

[76] Hoyos L R, Suescun E A, Puppala A J. Small-strain stiffness of unsaturated soils using a suction-controlled resonant column device with bender elements[C]//ASCE Conf. Proc. 2011, doi: 10. 1061/41165(397)441.

[77] Hryciw R D. Small-strain-shear modulus of soil by dilatometer [J]. Journal of Geotechnical Engineering, 1990, 116(11): 1700 - 1716.

[78] Huang M, Zhang C-R, Li Z. A simplified analysis method for the influence of tunneling on grouped piles[J]. Tunnelling and Underground Space Technology, 2009, 24: 410 - 422.

[79] Iliadelis D. Effect of deep excavation on an adjacent pile foundation[D]. Massachusetts Institute of Technology, 2006.

[80] Ito T, Histake K. 隧道掘进引起的三维地面沉陷分析[J]. 隧道译丛, 1985, (9): 46 - 55.

[81] Jacobsz S W, Standing J R, Mair R J. Tunnelling effects on pile groups in sand[C]// Proc A. W. Skempton Memorial Conference, ICE, London, 2004, (2): 1056 - 1067.

[82] Jacobsz S W, Stanging J R, Mair R J. Centrifuge modeling of tunneling near driven piles[J]. Soil and Foundations, 2004, 44(1): 51 - 58.

[83] Jahangir M. Optimal groundwater management and inverse analysis using genetic algorithm and artificial neural network[D]. Utah State University, 1997.

[84] Janbu N. Soil compressibility as determined by oedmeter and triaxial tests[C]//Proc. ECSMFE Wisebaden, 1963, 1: 19 - 26.

[85] Jardine R J. Some observations on the kinematic nature of soil stiffness[J]. Soil Found 1992, 32(3): 377 - 96.

[86] Jeanjean P. Re-assessment of p-y Curve for Soft Clay from Centrifuge Testing and Finite Element Modeling [C]//The 2009 Offshore Technology Conference, OTC 20158, 2009.

[87] Jen L C. The design and performance of deep excavations in clay[D]. Cambridge, MA, USA: Department of Civil and Environmental engineering, MIT, 1998.

[88] Jung Y H, Cho W, Finno R J. Defining yield from bender element measurements in triaxial stress probe experiments[J]. Journal of Geotechnical and Geoenvironmental Engineering, ASCE, 2007, 133(7): 841 – 849.

[89] Khodair Y A, Hassiotis S. [J] Analysis of soil-pile interaction in integral abutment. Computers and Geotechnics, 2005, 32(3): 201 – 209.

[90] Kim T. Incrementally nonlinear responses of soft Chicago glacial clays [D]. Northwestern University, 2011.

[91] Kitiyodom P, Matsumoto T. A Simplified Analysis Method for Piled Raft and Pile Group Foundations with Batter Pile[J]. International Journal for Numerical and Analytical Methods in Geomechanics, 2002, 26: 1349 – 1369.

[92] Kitiyodom P, Matsumoto T. A simplified analysis method for piled raft foundations in non-homogeneous soils[J]. Int. J. Numer. Anal. Meth. Geomech., 2003, 27: 85 – 109.

[93] Kitiyodom P, Matsumoto T, Kawaguchi K. Analysis of piled raft foundation subjected to ground movement induced by tunnelling[C]. In: Proceedings of the 15th Southeast Asia Geotechnical Conference, Bangkok, 2004: 183 – 188.

[94] Kitiyodom P, Matsumoto T, Kawaguchi K. A simplified analysis method for piled raft foundations subjected to ground movements induced by tunneling[C]. Int. J. Numer. Anal. Meth. Geomech., 2005, 29: 1485 – 1507.

[95] Kern K. Analysis of Pseudo Top Down Construction in Chicago[D]. Northwestern University, 2011.

[96] Kondner R L. A hyperbolic stress strain Formulation for sand[J]. 2. Pan. Am. ICOSFE Brazil, 1963, 1: 289 – 324.

[97] Kraft L M, Ray R P, Kagawa T. Theoretical t-z curves[J]. Journal of the Geotechnical Engineering Division, ASCE, 1981, 107(11): 1543 – 1561.

[98] Kücükarslan S, Banerjee P K, Bildik N. Inelastic analysis of pile soil structure interaction[J]. Engineering Structures, 2003, 25(9): 1231 – 1239.

[99] Kung G T C, Juang C H, Hsiao E C L, Hashash Y M A. Simplified Model for wall deflection and ground-surface settlement caused by braced excavation in clay[J]. Journal of Geotechnical and Geoenvironmental Engineering, 2007, 133(6): 731 – 747.

[100] Kung G T C, Ou C Y, Juang C H. Modeling small-strain behavior of Taipei clays for finite element analysis of braced excavations[J]. Computers and Geotechnics, 2009, 36: 304 – 319.

[101] Kung G T C, Hsiao E C L, Juang C H. Evaluation of a simplified small-strain soil model for analysis of excavation-induced movements [J]. Canadian Geotechnical Journal, 2007, 44(6): 726 - 736.

[102] Kuwabara F. An elastic analysis of piled raft foundations in a homogeneous soil[J]. Engineering Structures, 1989, 29(1): 81 - 92.

[103] Ladd C C, Lambe T W. Strength of undisturbed clay determined from undrained tests [J]. American society for testing and materials(ASTM), Philadelphia, PA, United Stagtes, 1964: 342 - 347.

[104] Lambe T W, Turner C K. Braced excavation, Lateral stress in ground and design of Earth-retaining structure[J]. ASCE, 1970: 149 - 218.

[105] Lee C Y. Discrete Layer Analysis of Axially Loaded Piles and Pile Groups [J]. Computers and Geotechnics, 1991, 11: 295 - 313.

[106] Lee Y J, Banssett R H. Influence zones for 2D pile-soil-tunneling interaction based on model test and numerical analysis[J]. Tunneling and Underground Space Technology, 2007, 22(3): 325 - 342.

[107] Lee C J, Bolton M D, Tabbaa A A. Numerical modeling of group effects on the distribution of dragloads in pile foundations[J]. Géotechnique, 2002, 52(5): 325 - 335.

[108] Lee C J, Jacobsz S W. The influence of tunneling on adjacent piled foundations[J]. Tunneling and Underground Space Technology, 2006, 21(3): 430 - 435.

[109] Lee C J, Ng W W. Development of Downdrag on Piles and Pile Groups in Consolidating Soil[J]. J. Geotech. Geoenviron. Eng. , 2004, 130(9): 905 - 914.

[110] Lee K M, Rowe R K, Lo K Y. Subsidence owing to tunneling. I. estimating the gap parameter[J]. Canadian Geotechnical Journal, 1992a, 29: 929 - 940.

[111] Lee G T K, Ng C W W. Effects of advancing open face tunneling on an existing loaded pile[J]. J. Geotech. Geoenviron. Eng. , ASCE, 2005, 131(2): 193 - 201.

[112] Leung C F, Chow, Y K, Shen R F. Behavior of pile subject to excavation-induced soil movement[J]. J. Geotech. Geoenviron. Eng. , 2000, 126(11): 947 - 954.

[113] Leung C F, Lim J K, Shen R F, et al. Behavior of pile groups subject to excavation-induced soil movement[J]. J. Geotech. Geoenviron. Eng. , 2003, 129(1): 58 - 65.

[114] Leung C F, Ong D E L, Chow Y K. Pile behavior due to excavation-induced soil movement in clay II: Collapsed Wall[J]. J. Geotech. Geoenviron. Eng. , 2006, 132 (1): 45 - 53.

[115] Li X S, Dafalias Y F. Dilatancy for cohesionless soils[J]. Geotechnique, 2000, 50 (4): 449 - 460.

[116] Liang F Y, Chen L Z, Shi X G. Numerical analysis of composite piled raft with cushion subjected to vertical load[J]. Computers and Geotechnics, 2003, 30(6): 443-453.

[117] Lings M L, Greening P D. A novel bender/extender element for soil testing[J]. Geotechnique, 2001, 51(8): 713-717.

[118] Lo K Y, Rowe R K. Prediction of ground subsidence due to tunneling in clays[R]. Res. Rep. GEOT-10-82, Facu. of Engrg. Sci., Univ. of Western Ontario, London, 1982, Ont.

[119] Loganathan N, Poulos H G. Analytical prediction for Tunneling-induced ground movement in clays[J]. J. Geotech. Geoenviron. Eng., ASCE, 1998, 124(9): 846-856.

[120] Loganathan N, Poulos H G, Stewart D P. Centrifuge model testing of tunneling-induced ground and pile deformations[J]. Géotechnique, 2000, 50(3): 283-294.

[121] Loganathan N, Poulos H G, Xu K J. Ground and pile-group response due to tunneling[J]. Soil and foundations, 2001, 41(1): 57-67.

[122] Mana A L, Clough G W. Prediction of Movement for Braced Cuts in Clay[J]. J. of Geotech., Div., ASCE, 1981, 107(GT6).

[123] Mancuso C, Vassallo R, d'Onofrio A. Small strain behavior of a silty sand in controlled-suction resonant column torsional shear test[J]. Canadian Geotechnical Journal, 2002, 39(1): 22-31.

[124] Mandolini A, Viggiani C. Settlement of piled foundations[J]. Geotechnique, 1997, 47(4): 791-816.

[125] Mair R J. Ground movements around shallow tunnels in soft clay[J]. In: Proc. 10th ICSMFE Stolkhom, 1993: 323-328.

[126] Mair R J, Taylor R N, Bracegirdle A. Subsurface settlement profiles above tunnels in clay[J]. Géotechnique, 1993, 43(2): 315-320.

[127] Matlock H, Reese L C. Generalized Solution for Laterall Laoded Piles[J]. Journal of Soil Mechanics and Foundation Divison, 1960, 86(5): 1220-1246.

[128] Meguid M A, Mattar J. Investigation of tunnel-soil-pile interaction in cohesive soils [J]. Journal of Geotechnical and Geoenvironmental Engineering, 2009, 135(7): 973-979.

[129] Mendonca A V, Paiva J B. An elastostatic FEM/BEM analysis of vertically loaded raft foundation on piles[J]. Engineering Analysis with Boundary Elements, 2000, 24(3): 237-247.

[130] Milligan G W E. Soil Deformations near anchored sheet-pile Walls[J]. Geotechnique,

1983, 33(1): 41 - 55.

[131] Mohamed A M, Joe M. Investigation of Tunnel-Soil-Pile Interaction in Cohesive Soils [J]. Journal of Geotechnical and Geoenvironmental Engineering, ASCE, 2009, 135(7): 973 - 979.

[132] Morgenstern N. Managing risk in geotechnical engineering[C]. Proc. 10th Pan American Conference on Soil Mechanics and Foundation Engineering, 1995, 4.

[133] Morton J D, King K H. Efects of tunneling on the bearing capacity and settlement of piled foundations[J]. Proc. , Tunnelling '79, IMM, London, 1997: 57 - 68.

[134] Mroueh H, Shahrour I. Three-dimensional finite element analysis of the interaction between tunneling and pile foundations[J]. Int. J. Numer. Anal. Meth. Geomech. , 2002, 26: 217 - 230.

[135] Mroueh H, Shahrour I. A full 3 - D finite element analysis of tunneling-adjacent structures interaction[J]. Computers and Geotechnics, 2003, 30: 245 - 253.

[136] Muki T. Asymmetric problems of the theory of elasticity for a semi-infinite solid and a thick plate[M]//Sneddon I N, Hill R. Progress in Solid Mechanics, North-Holland, Amsterdam, 1960.

[137] Muqtadir A, Desai C S. Three-dimensional analysis of pile-group foundation[J]. International Journal for Numerical and Analytical Method in Geomechanics, Wiley, 1986, 10(11): 41 - 58.

[138] Mylonakis G, Gazetas G. Settlement and Additional Internal Forces of Grouped Piles in Layered Soil[J]. Géotechnique, 1998, 48 (1): 55 - 72.

[139] Ng C W W. Stress paths in relation to deep excavations[J]. J. Geotech. Geoenviron. Eng. , 1999, 125(5): 357 - 363.

[140] Ng C W W, Chan S H, Lam S Y. Centrifuge and numerical modeling of shielding effects on piles in consolidating soil [C]//Proceedings of second China-Japan Geotechnical symposium. Shanghai, Tongji University Proc, Chian, 2005: 7 - 19.

[141] Ong D E L, Leung C E, Chow Y K. Pile behavior due to excavation-induced soil movement in Clay. I: Stable Wall[J]. Journal of Geotechnical and Geoenvironmental Engineering, 2006, 132(1): 36 - 44.

[142] Ong C W, Leung C F, Yong K Y, et al. Pile responses due to tunneling in clay[C]. Physical Modeling in Geotechnics-6th ICPMG, Ng, Zhang, Wang, eds. , 2006: 1177 - 1182.

[143] O'Reilly M P, New B M. Settlement above tunnels in die United Kingdom-their magnitude and prediction[J]. Tunnelling'82, London IMM, 1982: 173 - 181.

[144] Ottaviani M. Three-dimensional finite element analysis of vertically loaded pile groups

[J]. Journal of Geotechnical Engineering Division, ASCE, 1975, 110（9）: 1239 - 1255.

[145] Ottaviani M. Three-dimensional finite element analysis of vertical loaded pile groups [J]. Geotechnique, 1975, 25(2): 159 - 174.

[146] Ou C Y, Hsieh P G. Prediction of Ground Settlement Caused by Excavation[J]. Paper submitted to GT. ASCE, 1996.

[147] Ou C Y, Tang Y G. Soil parameter determination for deep excavation analysis by optimization[J]. Journal of the Chinese Institute of Engineers, 1994, 17（5）: 671 - 688.

[148] Park K H. Elastic Solution for Tunneling-Induced Ground Movements in Clays[J]. International Journal of Geomechanics, 2004, 4(4): 310 - 318.

[149] Park K H. Analytical solution for tunneling-induced ground movement in clays[J]. Tunnelling and Underground Space Technology, 2005, 20: 249 - 261.

[150] Peck R B. Deep excavations and tunneling in soft ground[C]//Proc. 7th ICSMFE, Mexico, 1969: 225 - 290.

[151] Poeter E P, Hill M C. Inverse Methods: A Necessary Next Step in Groundwater Modeling[J]. Ground Water, 1997, 35(2): 250 - 260.

[152] Poulos H G. Analysis of the settlement of pile groups[J]. Geotechinque, 1968, 18: 449 - 471.

[153] Poulos H G. Analysis of piles in soil undergoing lateral movement[J]. Journal of Soil Mechanics and Foundation Engineering, ASCE, 1973, 99: 391 - 406.

[154] Poulos H G. Load-Settlement Prediction for Piles and Pier[J]. Journal of Soil. Mechanics and Foundation Division, ASCE, 1972, 98(9): 879 - 897.

[155] Poulos H G, Chen L T. Pile Response Due to Excavation-Induced Lateral Soil Movement[J]. J. Geotech. Geoenviron. Eng., ASCE, 1997, 123(2): 94 - 99.

[156] Poulos H G, Chen L T, Hull T S. Model tests on single piles subjected to lateral soil movement[J]. Soil and Foundations, 1995, 35(4): 85 - 92.

[157] Poulos H G, Davis E H. The settlement behavior of single axially loaded incompressible piles and piers[J]. Geotechnique, 1968, 18(3): 351 - 371.

[158] Poulos H G, Davis E H. Pile foundation analysis and design[M]. New York: John Wiley and sons, 1980.

[159] Poulos H G, Mattes N S. The analysis of downdrag in end-bearing piles[C]//Pro. 7th, ICSMFE, Mexico City, 1969: 203 - 208.

[160] Pressley J S, Poulos H G. Finite element analysis of mechanism of pile group behavior[J]. Int. J. Num. Anal. Mech. Geomech. 1986, 10: 213 - 221.

[161] Randolph M F, Wroth C P. An analysis of the vertical deformation of pile groups[J]. Geotechnique, 1979, 29(4): 423 - 439.

[162] Randolph M F, Wroth C P. Analysis of deformation of vertically loaded piles[J]. Journal of the Geotechnical Engineering Division, ASCE, 1978, 104 (12): 1465 - 1488.

[163] Rechea C, Levasseur S, Finno R J. Inverse analysis techniques for parameter identification in simulation of excavation support systems [J]. Computers and Geotechnics, 2008, 35: 331 - 345.

[164] Robertson P K, Davis M P, Campanella R G. Design of Laterally Loaded Driven Piles Using the Flat Dilatometer[J]. Geotech. Testing J., 1989, 12(1): 31 - 38.

[165] Rowe R K, Kack G J. A theoretical examination of the settlements induced by tunneling: four case histories [J]. Canadian Geotechnical Journal, 1983b, 20: 299 - 314.

[166] Rowe R K, Lee K M. Subsidence owing to tunneling of evaluation of a prediction technique[J]. Canadian Geotechnical Journal, 1992b, 29: 941 - 954.

[167] Rowe R K, Lo K Y, Kack G J. A method of estimating surface settlement above tunnels constructed in soft ground[J]. Canadian Geotechnical Journal, 1983a, 20: 11 - 22.

[168] Sagaseta C. Analysis of Undrained Soil Deformation due to Ground loss [J]. Géotechnique, 1987, 37(3): 301 - 320.

[169] Sagaseta C. On the role of analytical solutions for the evaluation of soil deformation around tunnels. Application of Numerical Methods to Geotechnical Problems (Cividini A, ed.)[J]. CISM Courses and Lectures, 1998, (397): 3 - 24.

[170] Santos J A, Correia A G. Reference threshold shear strain of soil: Its application to obtain a unique strain-dependent shear modulus curves for soil[C]//Proceedings 15the international conference on soil mechnicas and geotechnical engineering, Istanbul, Turkey, 2001, 1: 267 - 270.

[171] Schanz T, Vermeer P A. Special issue on pre-failure deformation behaviour of geomaterials[J]. Geotechnique, 1998, 48: 383 - 387.

[172] Schanz T, Vermeer P A, Bonnier P G. The hardening soil model-formulation and verification[C]//Proceedings Plaxis Symposium "Beyond 2000 in Computational Geotechnics", Amsterdam, Balkema, 1999: 281 - 296.

[173] Schweiger H F. Results from two geotechnical benchmark problems[C]//Proc. 4th Eur. Conf. on numerical methods in geotechnical engineering, NUMGE98, 1998: 645 - 654.

[174] Seed H B, Reese L C. The action of soft clay along friction piles[J]. Transactions, ASCE, 1957, 22: 731 - 746.

[175] Small J C, Booker J R. Finite layer analysis of layered elastic materials using flexibility approach, part I-strip loadings [J]. International Journal of Numerical Method in Engineering, 1984, 20: 1025 - 1037.

[176] Simpson B, O'Riordan N J, Croft D D. A computer model for the analysis of ground movements in London clay[J]. Geotechnique, 1979, 29(2): 149 - 175.

[177] Skempton A W, Sowa V A. The behavior of saturated clays during sampling and testing[J]. Geotechnique, 1963, 13(4): 269 - 290.

[178] Stallebrass S E, Taylor R N. The development and evaluation of a constitutive model for the prediction of ground movements in overconsolidation clay[J]. Geotechnique, 1997, 47(2): 235 - 253.

[179] Surjadinata J, Hull T S, Carter J P, et al. Combined Finite-element and Boundary-element analysis of effects of tunneling on single piles[J]. International Journal of Geomechanics, 2006, 6(5): 374 - 377.

[180] Ta L D, Small J C. Analysis of piled raft systems in layered soil[J]. International Journal for Numerical and Analytical Methods in Geomechanics, 1996, 20 (1): 57 - 72.

[181] Templeton J S. Finite Element Analysis of Conductor/Seafloor Interaction[C]//The 2009 Offshore Technology Conference, OTC 20197, 2009.

[182] Terzaghi K. Theoretical soil mechanics [M]. New York: John Wiley & Sons, Inc. , 1943.

[183] Thomas D. Ground movement caused by braced excavation[J]. ASCE, 1981, 107 (9): 1159 - 1178.

[184] Trochanis A M, Bielak J, Christiano P. Three-dimensional nonlinear study of piles [J]. Journal of Geomechanics, 1991, 117(3): 429 - 447.

[185] Tsui Y, Cheng Y M. A fundamental study of braced excavation construction[J]. Computer and Geotechnics, 1989, 8.

[186] Verruijt A, Booker J R. Surface settlement due to deformation of a tunnel in an elastic half plane[J]. Géotechnique, 1996, 46(4): 753 - 756.

[187] Von Soos P. Properties of soil and rock[M]//Grundbautaschenbuch Part 4, Edition 4, Berlin: Ernst & Sohn, 1990.

[188] Xiao X C, Chi S C, Gao L, et al. Simplified Method and Parametric Sensitivity Analysis for Soil-Pile Dynamic Interaction under Lateral Seismic Loading [J]. Advances in Building Technology, 2002: 771 - 778.

[189] Xu K J, Poulos H G. 3‐D elastic analysis of vertical piles subjected to "passive" loadings[J]. Computers and Geotechnics, 2001, 28: 349‐375.

[190] Xuan F, Xia X, Wang J. The application of a small strain model in excavations[J]. Journal of Shanghai Jiaotong University(SCIENCE), 2009, 14(4): 418‐422.

[191] Wang K Y. Elasto-plastic consolidation analysis for strutted excavation in clays. Computer and Geotechnics, 1989, 8(4): 311‐328.

[192] Wang J H, Xu Z H, Wang W D. Wall and ground movements due to deep excavations in Shanghai soft soils[J]. Journal of Geotechnical and Geoenvironmental Engineering, 2010, 136(7): 985‐994.

[193] Whittle A J, Hashash Y M A, Whitman R V. Analysis of deep excavation in Boston [J]. J. Geotech. Eng., 1993, 119(1): 69‐90.

[194] Withman R V. Organizing and evaluating uncertainty in geotechnical engineering. Proceeding of Uncertainty '96. Uncertainty in the geologic environment: from theory to practice[J]. ASCE, Geotechnical special publication, 1996, (58): 1‐28.

[195] Yang M, Sun Q, Li W, Ma K. Three-dimensional finite element method of tunnel construction on nearby pile foundation[J]. Journal of Central South University of Technology, 2011, 18(3): 909‐916.

[196] Zhang H H, Small J C. Analysis of capped pile groups subject to horizontal and vertical loads[J]. Computers and Geotechnics, 2000, 26: 1‐21.

[197] Zhao M H, Liu D, Zhang L, Jiang C. 3D finite element analysis on pile-soil interaction of passive pile group[J]. J. Cent. South Univ. Technol., 2008, 15: 75‐88.

[198] 陈福全,汪金卫,刘毓氚. 基坑开挖时邻近桩基形状的数值分析[J]. 岩土力学,2008, 29(7): 1971‐1976.

[199] 杜佐龙,黄茂松,李早. 基于地层损失比的隧道开挖对邻近群桩影响的DCM方法[J]. 岩土力学,2009,30(10): 3043‐3047.

[200] 高文华,沈蒲生. 软土基坑分步开挖时地层移动规律探讨[J]. 湘潭矿业学院学报, 2002,17(1): 1‐4.

[201] 郭文复. 多层半无限弹性体在圆形荷载作用下的解析解[J]. 力学学报,1984,3: 282‐289.

[202] 韩云乔,陶茂之. 南京地区深基坑开挖变形的探讨[J]. 建筑结构,1996,(4): 20‐24.

[203] 洪毓康,楼晓明. 群桩基础的共同作用分析[C]. 第六届土力学与基础工程学术会议论文集,1991,上海: 427‐430.

[204] 侯学渊,陈永福. 深基坑开挖引起周围地基土沉陷的计算[J]. 岩土工程师,1989(1): 1‐13.

[205] 黄茂松,张陈蓉,李早. 开挖条件下非均质地基中被动群桩水平反应分析[J]. 岩土工程学报,2008,30(7):1017-1023.

[206] 金波,唐锦春,孙炳楠. 层状地基轴对称问题的 Mindlin 解[J]. 计算结构力学及其应用,1996,13(2):187-192.

[207] 李佳川. 软土地区地下连续墙深基坑开挖的三维有限元分析及试验研究[D]. 上海:同济大学,1992.

[208] 李亚. 基坑周围土体位移场的分析与动态控制[D]. 上海:同济大学,1999.

[209] 李早. 隧道开挖对邻近群桩基础影响分析[D]. 上海:同济大学,2007.

[210] 李早,黄茂松. 隧道开挖对群桩竖向位移和内力影响分析[J]. 岩土工程学报,2007,29(3):398-402.

[211] 刘国彬. 软黏土深开挖的弹塑性分析[D]. 上海:同济大学,1990.

[212] 吕少伟. 上海地铁车站施工周围土体位移场预测及控制技术研究[D]. 上海:同济大学,2001.

[213] 栾茂田,韩丽娟,年延凯,孔德森. 被动桩-土相互作用的简化分析[J]. 防灾减灾工程学报,2004,24(4):370-374.

[214] 潘时声. 用分层积分法分析桩的荷载传递[J]. 建筑结构学报,1991,12(5):68-78.

[215] 石名磊,邓学钧,刘松玉. 群桩间"加筋与遮拦"相互作用研究[J]. 东南大学学报,2003,33(3):343-346.

[216] 孙钧,袁金荣. 盾构施工扰动与地层移动及其智能神经网络预测[J],岩土工程学报,2001,23(3):261-267.

[217] 田管凤,吴起星. 群桩基础的剪切位移法分析[J]. 东莞理工学院学报,2002,9(2):35-39.

[218] 田美存,徐永福. 荷载传递法在群桩分析中的应用[J]. 河海大学学报,1997,25(1):62-66.

[219] 王国才,宋春雨,陈龙珠. 饱和地基轴对称竖向振动有限元-无限元耦合解[J]. 上海交通大学学报,2005,39(5):764-768.

[220] 王林生. 求解成层地基空间轴对称问题的初参数发[J]. 力学学报,1986,18(6):528-537.

[221] 王启铜. 柔性桩的沉降特性及荷载传递规律[D]. 杭州:浙江大学,1991.

[222] 王旭东,魏道垛. 群桩-土-承台结构共同作用有限层-有限元分析[J]. 南京建筑工程学院学报,1994,3:1-8.

[223] 杨超,黄茂松,刘明蕴. 隧道施工对邻近桩基影响的三维数值分析[J]. 岩石力学与工程学报,2007,26(增刊1):2601-2607.

[224] 杨国伟. 深基坑及邻近建筑物保护研究[D]. 上海:同济大学,2000.

[225] 杨敏,周洪波,杨烨. 基坑开挖与邻近桩基相互作用分析[J]. 土木工程学报,2005,

(4)：93 - 96.

[226] 詹美礼,钱家欢,陈绪禄.粘弹塑性有限单元法及其在隧道分析中的应用[J].土木工程学报,1993,26(3)：13 - 21.

[227] 张陈蓉.非均质地基中被动群桩分析及桩基水平循环加载特性[D].上海：同济大学,2009.

[228] 张子明.用初始函数法计算多层地基的位移和应力[J].岩土工程学报,1986,8(4)：9 - 17.

[229] 曾国熙,潘秋元,胡一峰.软黏土地基基坑开挖性状的研究[J].岩土工程学报,1988,10(3)：13 - 22.

[230] 曾小清.地铁工程双线隧道平行推进的相互作用及施工力学的研究[D].上海：同济大学,1995.

[231] 赵锡宏.上海高层建筑桩筏和桩箱基础设计理论[M].上海：同济大学出版社,1989.

[232] 朱照宏.路面力学计算[M].北京：人民交通出版社,1984.

[233] 朱照宏,王秉纲,郭大智.路面计算力学[M].北京：人民交通出版社,1985.

[234] 钟阳,王哲人,郭大智.求解多层弹性半空间轴对称问题的弹性矩阵法[J].土木工程学报,1992,25(6)：37 - 43.

[235] 钟阳,王哲人,郭大智,王争宇.求解多层弹性半空间非轴对称问题的弹性矩阵法[J].土木工程学报,1995,28(1)：66 - 72.

后 记

本书是在笔者的博士论文的基础上撰写而成。

在画下最后一个句号之后，踏入同济校园的激动和热情犹如昨日般在眼前浮现，蓦然回首，四年的本科生涯，五年的研究生求学之路已成往事。近十年来，孜孜不倦的学习，时常夜以继日的奋战，当然也不乏与同窗在游戏中奋力拼杀，在这一切的酸甜苦辣中，生活与学习能力上渐渐成长，使我有足够能力在社会中立足。

五年的研究生学习生涯，我师从黄茂松教授。早在本科学习生涯中就听闻黄老师严谨治学态度、专业知识丰富、有忘我的敬业精神，此后有幸跟随黄老师进行学习科研，更让我认识到，在学术研究中，他见解独到、思维敏锐，在日常生活中，他平易近人、温文尔雅。"做事要认真，勤思考，不作假"，这就是他对学生的要求，也正是他本人对自己的要求，正是这句话，不断地激励我在学习和日后的工作中力求完美，从黄老师身上学到的治学态度、生活态度将使我受用终身。在此要向黄老师表示感谢！

同时也要感谢 Richard J Finno 教授，在美国西北大学联培期间，Finno 教授耐心而严谨的教导使我受益匪浅。在此也一并感谢在留学期间给予我帮助的汪进、陈秋实师兄，以及 Taesik Kim 和 Kristin Kern 等人在学习和生活上给予我的帮助，由于你们的帮助，才让我在异国他乡能顺利地生活下去。

感谢课题组的所有师兄弟妹们，感谢你们带给我的帮助和关心，和你们在一起非常高兴，特别是郦建俊师兄，在我刚开始研究生生活时给予了我很多帮助，带我熟悉了研究生生活之路！

特别要感谢我的父母对我的支持，曾在求学道路上几次想要放弃，是你们的鼓励让我一直走到现在，感谢你们这三十年来对我的默默付出！

木林隆